复域差分中的唯一性问题

李升　陈宝琴　著

机 械 工 业 出 版 社

本书内容包括亚纯函数 Nevanlinna 理论的基础知识、复域差分的 Nevanlinna 理论和亚纯函数唯一性理论的基础知识、亚纯函数与其位移或差分分担小函数的唯一性、两个亚纯函数的差分分担一个小函数的唯一性、亚纯函数与其差分多项式分担集合的唯一性、几类差分方程亚纯解的唯一性等．全书既包含国内外相关研究的重要进展又包含作者近年来取得的最新研究成果，专业性较强．本书可作为数学专业高年级本科生和研究生的教材，也可作为相关科研人员的参考书．

图书在版编目（CIP）数据

复域差分中的唯一性问题/李升，陈宝琴著．—北京：机械工业出版社，2021.4（2022.6重印）

ISBN 978-7-111-67842-7

Ⅰ.①复…　Ⅱ.①李…②陈…　Ⅲ.①半纯函数　Ⅳ.①O174.52

中国版本图书馆 CIP 数据核字（2021）第 053851 号

机械工业出版社（北京市百万庄大街 22 号　邮政编码 100037）
策划编辑：汤　嘉　责任编辑：汤　嘉
责任校对：王　欣　封面设计：张　静
责任印制：单爱军
北京虎彩文化传播有限公司印刷
2022 年 6 月第 1 版第 3 次印刷
169mm×239mm · 8.75 印张 · 189 千字
标准书号：ISBN 978-7-111-67842-7
定价：39.00 元

电话服务
客服电话：010－88361066
010－88379833
010－68326294

网络服务
机　工　官　网：www.cmpbook.com
机　工　官　博：weibo.com/cmp1952
金　　书　　网：www.golden-book.com
机工教育服务网：www.cmpedu.com

前　　言

众所周知，首一的 n 次多项式可由它的零点唯一确定. 但是超越亚纯函数却没有这样的性质. 例如，e^z-1 和 $e^{-z}-1$ 具有相同的零点，但它们显然不相等. 因此，要完全确定一个超越亚纯函数，必须适当增加其他限制条件. 1929 年，Nevanlinna 给出了著名的 Nevanlinna 五 IM 值（四 CM 值）定理：若两个亚纯函数分担扩充复平面上的五个（四个）不同的公共值 IM（CM），则它们相等（互为线性变换）. 其后的数十年间，人们围绕减少分担值的个数、将公共值改为小函数或集合以及考虑两个函数满足特殊关系的情况，进行了广泛而深入的研究，得到了十分丰富的研究成果.

2009 年前后，伴随着差分的 Nevanlinna 理论的建立和不断完善，人们开始进行复域差分的唯一性问题的研究. 近十年来，这方面的研究不断有新的优秀成果和问题涌现，逐步发展形成一个新的跨学科领域. 撰写本书的主要目的，是让读者能较快地了解相关知识背景，掌握基本的理论工具和研究方法，并总结作者近年来的研究工作. 因此，本书将集中篇幅介绍国内外相关研究的重要进展以及作者近年来取得的研究成果.

本书共 5 章. 第 1 章是预备知识，主要介绍亚纯函数 Nevanlinna 理论、复域差分的 Nevanlinna 理论和亚纯函数唯一性理论的基础知识，还介绍了几个复域差分中的唯一性问题的始创性的研究成果. 第 2 章研究亚纯函数与其位移或差分分担小函数的唯一性，主要包括与其位移或差分分担小函数的整函数的性质、与其位移或差分分担两个有限值的亚纯函数的唯一性、与其位移或差分分担一个小函数的整函数的唯一性、与其两个位移或差分分担小函数的整函数的唯一性. 第 3 章研究两个亚纯函数的差分分担一个小函数的唯一性，主要讨论了两种情况：两个亚纯函数具有亏值的情况以及两个亚纯函数的差分具有公共值点的情况. 第 4 章研究亚纯函数与其差分多项式分担集合的唯一性. 第 5 章研究一阶线性差分方程、Pielou Logistic 方程和非线性差分方程 $w(z+1)w(z-1)=R(z)w^m(z)$ 等几类差分方程亚纯解的唯一性.

本书第 1、5 章由李升撰写，第 3、4 章由陈宝琴执笔，第 2 章由李升、陈宝琴合作完成.

若仅给出作者参与完成的成果的证明，可能会给读者带来一定的不便，因此，书中也给出了部分重要的经典结果的证明. 为方便读者更快地了解研究背景和研究进展，除了第 1 章以外，在每章各个小节的内容安排上都是先概述相关成果，再分别给出主要定理的证明. 由于篇幅所限，尚有不少其他专家学者的优秀研究成果没有在书中阐述，由此带来的不妥甚至疏漏之处，欢迎读者批评指正.

作　　者

2021 年 3 月于湛江

目　录

前言
第1章　预备知识 …… 1
1.1　亚纯函数 Nevanlinna 理论的基础知识 …… 1
1.1.1　Poisson - Jensen 公式 …… 1
1.1.2　均值函数与极点密指量 …… 3
1.1.3　特征函数与 Nevanlinna 例外值 …… 5
1.1.4　Nevanlinna 第一基本定理、第二基本定理 …… 7
1.1.5　几个常用的重要结果 …… 9
1.2　复域差分的 Nevanlinna 理论的基础知识 …… 14
1.3　亚纯函数唯一性理论的基础知识 …… 17
1.3.1　基本概念和记号 …… 17
1.3.2　主要的相关结论 …… 17
1.4　复域差分中的唯一性问题及主要研究背景 …… 29
第2章　亚纯函数与其位移或差分分担小函数的唯一性 …… 33
2.1　与其位移或差分分担小函数的整函数的性质 …… 33
2.1.1　引言和主要结果 …… 33
2.1.2　本节所需的引理 …… 34
2.1.3　本节定理的证明 …… 35
2.2　与其位移或差分分担两个有限值的亚纯函数的唯一性 …… 39
2.2.1　引言和主要结果 …… 39
2.2.2　本节所需的引理 …… 41
2.2.3　本节定理的证明 …… 45
2.3　与其位移或差分分担一个小函数的整函数的唯一性 …… 58
2.3.1　引言和主要结果 …… 58
2.3.2　本节所需的引理 …… 60
2.3.3　本节定理的证明 …… 60
2.4　与其两个位移或差分分担小函数的整函数的唯一性 …… 68
2.4.1　引言和主要结果 …… 68
2.4.2　本节所需的引理 …… 70
2.4.3　本节定理的证明 …… 70
第3章　两个亚纯函数的差分分担一个小函数的唯一性 …… 83
3.1　两个亚纯函数具有亏值的情况 …… 83
3.1.1　引言和主要结果 …… 83
3.1.2　本节定理的证明 …… 84
3.2　两个亚纯函数的差分具有公共值点的情况 …… 87
3.2.1　引言和主要结果 …… 87
3.2.2　本节定理的证明 …… 88
第4章　亚纯函数与其差分多项式分担集合的唯一性 …… 89
4.1　与其位移或差分分担小函数集的整函数的唯一性 …… 89
4.1.1　引言和主要结果 …… 89
4.1.2　本节定理的证明 …… 91
4.2　与其差分多项式分担两个特殊集合的亚纯函数的唯一性 …… 98
4.2.1　引言和主要结果 …… 98
4.2.2　本节所需的引理 …… 101
4.2.3　本节定理的证明 …… 102
第5章　几类差分方程亚纯解的唯一性 …… 108
5.1　一阶线性差分方程亚纯解的唯一性 …… 108
5.1.1　引言和主要结果 …… 108
5.1.2　本节定理的证明 …… 110
5.2　Pielou Logistic 方程的亚纯解的唯一性 …… 114
5.2.1　引言和主要结果 …… 114
5.2.2　本节定理的证明 …… 116
5.3　非线性差分方程 $w(z+1)w(z-1)=R(z)w^m(z)$ 亚纯解的唯一性 …… 120
5.3.1　引言与主要结果 …… 120
5.3.2　本节所需的引理 …… 122
5.3.3　本节定理的证明 …… 122
参考文献 …… 131

第 1 章 预备知识

本章分为三个部分，将介绍亚纯函数 Nevanlinna 理论、复域差分的 Nevanlinna 理论和亚纯函数唯一性理论的基础知识和复域差分中的唯一性问题及研究背景. 书中，亚纯函数指定义在整个复平面上的亚纯函数. 本书使用亚纯函数 Nevanlinna 理论的标准记号（见［19，45，56，103，104］）. 为方便读者，文中给出了大部分定理的证明，省略的部分证明建议参考［56，103，104］.

1.1 亚纯函数 Nevanlinna 理论的基础知识

1.1.1 Poisson – Jensen 公式

首先给出下面的 Poisson – Jensen 公式. 该公式及其变形，是建立亚纯函数 Nevanlinna 理论的关键.

定理 1.1.1. 假设 $f(\zeta)$ （$\not\equiv 0$）在 $|\zeta|\leq R$ （$0<R<\infty$）上亚纯，在 $|\zeta|<R$ 内的零点和极点分别是 $a_\mu(\mu=1, 2, \cdots, M)$，$b_\nu(\nu=1, 2, \cdots, N)$，其中每个零点或极点出现的次数与其重数相同. 若 $z=re^{i\theta}$ 为 $|\zeta|<R$ 内不与 a_μ，b_ν 相重的点，则

$$\log|f(z)| = \frac{1}{2\pi}\int_0^{2\pi}\log|f(Re^{i\varphi})|\frac{R^2-r^2}{R^2-2Rr\cos(\theta-\varphi)+r^2}d\varphi + \sum_{\mu=1}^{M}\log\left|\frac{R(z-a_\mu)}{R^2-\bar{a}_\mu z}\right| - \sum_{\nu=1}^{N}\log\left|\frac{R(z-b_\nu)}{R^2-\bar{b}_\nu z}\right|. \tag{1.1.1}$$

证明. 分三种情况进行讨论.

情况 1： $f(\zeta)$ 在 $|\zeta|\leq R$ 上无零点和极点. 此时函数 $\dfrac{R^2-|z|^2}{R^2-\bar{z}\zeta}\log f(\zeta)$ 在 $|\zeta|\leq R$ 上解析，故由 Cauchy 公式可得

$$\log f(z) = \frac{1}{2\pi i}\int_{|\zeta|=R}\frac{R^2-|z|^2}{(R^2-\bar{z}\zeta)\zeta}\log f(\zeta)d\zeta. \tag{1.1.2}$$

在式（1.1.2）中，将圆周 $|\zeta|=R$ 上的点记为 $\zeta=Re^{i\varphi}$ （$0\leq\varphi\leq 2\pi$）. 则式（1.1.2）化为

$$\log f(z) = \frac{1}{2\pi}\int_0^{2\pi}\frac{R^2-r^2}{R^2-2Rr\cos(\theta-\varphi)+r^2}\log f(Re^{i\varphi})d\varphi. \tag{1.1.3}$$

取实部，即得

$$\log|f(z)| = \frac{1}{2\pi}\int_0^{2\pi}\log|f(Re^{i\varphi})|\frac{R^2 - r^2}{R^2 - 2Rr\cos(\theta - \varphi) + r^2}d\varphi. \quad (1.1.4)$$

于是式（1.1.1）成立.

情况 2：$f(\zeta)$仅在$|\zeta| = R$上有零点和极点，在$|\zeta| < R$内无零点和极点. 任取点z：$|z| < R$且$z \neq a_\lambda$，b_μ，再任取$\rho < R$，使得$|z|$，$|a_\lambda|$，$|b_\mu|$均小于ρ. 则根据情况 1，有

$$\log|f(z)| = \frac{1}{2\pi}\int_0^{2\pi}\log|f(re^{i\varphi})|\frac{r^2 - r^2}{r^2 - 2\rho r\cos(\theta - \varphi) + r^2}d\varphi + \sum_{\mu=1}^{M}\log\left|\frac{\rho(z - a_\mu)}{\rho^2 - \bar{a}_\mu z}\right| - \sum_{\nu=1}^{N}\log\left|\frac{\rho(z - b_\nu)}{\rho^2 - \bar{b}_\nu z}\right|. \quad (1.1.5)$$

由不等式

$$|\log|de^{i\varphi} - 1|| < \log 2 + \log\frac{1}{|\varphi|}(0 < \varphi \leqslant \frac{\pi}{3}, 0 < d \leqslant 1),$$

可知广义积分

$$\frac{1}{2\pi}\int_0^{2\pi}\log|f(re^{i\varphi})|\frac{r^2 - r^2}{r^2 - 2\rho r\cos(\theta - \varphi) + r^2}d\varphi$$

存在且

$$\lim_{\rho \to R}\frac{1}{2\pi}\int_0^{2\pi}\log|f(re^{i\varphi})|\frac{r^2 - r^2}{r^2 - 2\rho r\cos(\theta - \varphi) + r^2}d\varphi$$
$$= \frac{1}{2\pi}\int_0^{2\pi}\log|f(Re^{i\varphi})|\frac{R^2 - r^2}{R^2 - 2Rr\cos(\theta - \varphi) + r^2}d\varphi,$$

则在式（1.1.5）中，令$\rho \to R$即可得到式（1.1.2）.

情况 3：$f(\zeta)$在$|\zeta| < R$内有零点a_μ（$\mu = 1, 2, \cdots, M$）和极点b_ν（$v = 1, 2, \cdots, N$）. 令

$$F(\zeta) = f(\zeta)\frac{\prod_{\nu=1}^{N}\frac{R(\zeta - b_\nu)}{R^2 - b_\nu\zeta}}{\prod_{\mu=1}^{M}\frac{R(\zeta - a_\mu)}{R^2 - \bar{a}_\mu\zeta}}, \quad (1.1.6)$$

则$F(\zeta)$在$|\zeta| < R$内解析，且无零点. 对$F(\zeta)$应用式（1.1.5），并注意到，当$\zeta = Re^{i\varphi}$，$|a| < R$时，

$$\left|\frac{R(\zeta - a)}{R^2 - \bar{a}\zeta}\right| = \left|\frac{Re^{i\varphi} - a}{R - \bar{a}e^{i\varphi}}\right| = \left|\frac{R - ae^{-i\varphi}}{R - \bar{a}e^{i\varphi}}\right| = 1. \quad (1.1.7)$$

则得到

$$\log|F(z)| = \frac{1}{2\pi}\int_0^{2x}\log|f(Re^{i\varphi})|\frac{R^2 - r^2}{R^2 - 2Rr\cos(\theta - \varphi) + r^2}d\varphi$$

由式（1.1.6）得

$$\log|F(z)| = \log|f(z)| + \sum_{\nu=1}^{N}\log\left|\frac{R(z - b_\nu)}{R^2 - \bar{b}_\nu z}\right| - \sum_{\mu=1}^{M}\log\left|\frac{R(z - a_\mu)}{R^2 - \bar{a}_\mu z}\right|.$$

将上式代入式（1.1.7）即得式（1.1.1）.

□

注. 在 $|\zeta|\leqslant R$ $(0<R<\infty)$ 上无零点和极点时，式（1.1.1）就化为以下的 Poisson 公式：

$$\log|f(z)|=\frac{1}{2\pi}\int_0^{2\pi}\log|f(Re^{i\varphi})|\frac{R^2-r^2}{R^2-2Rr\cos(\theta-\varphi)+r^2}d\varphi .$$

当 $f(0)\neq 0$，∞ 时，在式（1.1.1）中令 $z=0$，即可得到以下的 Jensen 公式

$$\log|f(0)|=\frac{1}{2\pi}\int_0^{2\pi}\log|f(Re^{i\varphi})|d\varphi-\sum_{\mu=1}^{M}\log\frac{R}{|a_\mu|}+\sum_{\nu=1}^{N}\log\frac{R}{|b_\nu|}.$$

1.1.2 均值函数与极点密指量

定义 1.1.1. 对 $x\geqslant 0$，定义正对数函数

$$\log^+x=\max\{\log x,0\}=\begin{cases}\log x, & x\geqslant 1,\\ 0, & 0\leqslant x<1.\end{cases}$$

显然，当 $x>0$ 时，$\log x=\log^+x-\log^+\frac{1}{x}$，且对给定的复数 a_1，a_2，…，a_q，有

$$\log^+\left|\prod_{j=1}^{q}a_j\right|\leqslant\sum_{j=1}^{q}\log^+|a_j|,$$

和

$$\log^+\left|\sum_{j=1}^{q}a_j\right|\leqslant\sum_{j=1}^{q}\log^+|a_j|+\log q.$$

用 $n(r,f)$ 表示 $f(z)$ 在 $|z|\leqslant r$ 内的极点个数，重级极点按其重数计算；若不计重数，则记为 $\overline{n}(r,f)$. 用 $n\left(r,\frac{1}{f-a}\right)$ 表示 $f(z)-a$ 在 $|z|\leqslant r$ 内的零点个数，重级零点按其重数计算；若不计重数，则记为 $\overline{n}\left(r,\frac{1}{f-a}\right)$. 对亚纯函数 $f_1,f_2,\cdots,f_q$，根据定义，显然有

$$n\left(r,\prod_{j=1}^{q}f_j\right)\leqslant\sum_{j=1}^{q}n(r,f_j),$$

及

$$n\left(r,\prod_{j=1}^{q}f_j\right)\leqslant\sum_{j=1}^{q}n(r,f_j).$$

定义 1.1.2. 设 $f(z)$ 为亚纯函数，a 为有限复数. 称

$$m(r,f)=\frac{1}{2\pi}\int_0^{2\pi}\log^+|f(re^{i\varphi})|d\varphi$$

为 $f(z)$ 的均值函数，

$$N(r,f)=\int_0^r\frac{n(t,f)-n(0,f)}{t}dt+n(0,f)\log r$$

为 $f(z)$ 的极点密指量. 有时又称它为 $f(z)$ 的为极点计数函数.

注. (1) 有时，也记 $m(r,f)$ 为 $m(r,f=\infty)$ 或 $m(r,\infty)$，并记

$$m\left(\frac{1}{f-a}\right)=m(r,f=a)=m(r,a)=\frac{1}{2\pi}\int_0^{2\pi}\log^+\left|\frac{1}{f(re^{i\varphi})-a}\right|d\varphi;$$

(2) 有时，也记$N(r,f)$为$N(r,f=\infty)$或$N(r,\infty)$. 依次定义$f(z)$的极点精简密指量$\overline{N}(r,f)$，a－值点密指量$N\left(r,\frac{1}{f-a}\right)$，$a$－值点精简密指量$\overline{N}\left(r,\frac{1}{f-a}\right)$如下：

$$\overline{N}(r,f)=\int_0^r\frac{\overline{n}(t,f)-\overline{n}(0,f)}{t}dt+\overline{n}(0,f)\log r,$$

$$N\left(r,\frac{1}{f-a}\right)=\int_0^r\frac{n\left(t,\frac{1}{f-a}\right)-n\left(0,\frac{1}{f-a}\right)}{t}dt+n\left(0,\frac{1}{f-a}\right)\log r,$$

$$\overline{N}\left(r,\frac{1}{f-a}\right)=\int_0^r\frac{\overline{n}\left(t,\frac{1}{f-a}\right)-\overline{n}\left(0,\frac{1}{f-a}\right)}{t}dt+\overline{n}\left(0,\frac{1}{f-a}\right)\log r.$$

显然，对亚纯函数$f_1,f_2,\cdots,f_q$，有

$$m\left(r,\prod_{j=1}^q f_j\right)\leqslant\sum_{j=1}^q m(r,f_j),\quad m\left(r,\sum_{j=1}^q f_j\right)\leqslant\sum_{j=1}^q m(r,f_j)+\log q,$$

以及

$$N\left(r,\prod_{j=1}^q f_j\right)\leqslant\sum_{j=1}^q N(r,f_j),\quad N\left(r,\sum_{j=1}^q f_j\right)\leqslant\sum_{j=1}^q N(r,f_j).$$

为了给出后文中的Nevanlinna第二基本定理，本小节最后证明以下结果.

定理1.1.2. 假设$f(\zeta)$（$\not\equiv 0$）在$|\zeta|\leqslant R$（$0<R<\infty$）上亚纯，a_μ（$\mu=1,2,\cdots,q$）为q个不同的有限复数，则对$0<r<R$，有

$$m\left(r,\sum_{i=1}^q\frac{1}{f-a_j}\right)=\sum_{i=1}^q m\left(r,\frac{1}{f-a_j}\right)+o(1).\tag{1.1.8}$$

证明. 设

$$F(z)=\sum_{j=1}^q\frac{1}{f(z)-a_j}.$$

则根据前面的注，得到

$$m(r,F)\leqslant\sum_{i=1}^q m\left(r,\frac{1}{f-a_j}\right)+\log q.\tag{1.1.9}$$

下面给出$m(r,F)$的一个下界. 设

$$\min_{1\leqslant j<k\leqslant q}|a_j-a_k|=\delta.$$

显然$\delta>0$. 固定z，并分两种情况进行讨论.

情况1：存在$k\in\{1,2,\cdots,q\}$，使得

$$|f(z)-a_k|<\frac{\delta}{2q}.\tag{1.1.10}$$

则当$j\neq k$时，

$$\begin{aligned}|f(z)-a_j|&=|f(z)-a_k+a_k-a_j|\\&\geqslant|a_k-a_j|-|f(z)-a_k|\\&\geqslant\delta-\frac{\delta}{2q}=\frac{2q-1}{2q}\delta.\end{aligned}$$

由上式和式（1.1.10）可得

$$\frac{1}{|f(z)-a_j|}\leqslant\frac{2q}{(2q-1)\delta}<\frac{1}{2q-1}\cdot\frac{1}{|f(z)-a_k|}.\tag{1.1.11}$$

故

$$\begin{aligned}|F(z)|&\geqslant\frac{1}{|f(z)-a_k|}-\sum_{i=1}^{q}\frac{1}{|f(z)-a_j|}\\&\geqslant\frac{1}{|f(z)-a_k|}-\frac{q-1}{2q-1}\cdot\frac{1}{|f(z)-a_k|}\\&>\frac{1}{2|f(z)-a_k|}.\end{aligned}$$

从而有

$$\log^+|F(z)|>\log^+\frac{1}{|f(x)-a_k|}-\log2.\tag{1.1.12}$$

由式（1.1.11）可知

$$\sum_{j=1,j\neq k}^{q}\log^+\frac{1}{|f(z)-a_j|}\leqslant\sum_{j=1,\,j\neq k}^{q}\log^+\frac{2q}{(2q-1)\delta}<q\log^+\frac{2q}{\delta}.$$

结合上式和式（1.1.12）可得

$$\log^+|F(z)|>\sum_{j=1}^{q}\log^+\frac{1}{|f(z)-a_j|}-q\log^+\frac{2q}{\delta}-\log2.\tag{1.1.13}$$

情况2：对任意的 $k\in\{1,2,\cdots,q\}$，都有

$$|f(z)-a_k|\geqslant\frac{\delta}{2q},(j=1,2,\cdots,q).$$

则有

$$\sum_{j=1}^{q}\log^+\frac{1}{|f(z)-a_i|}\leqslant q\log^+\frac{2q}{\delta}.$$

此时式（1.1.13）也成立. 进而有

$$m(r,F)\geqslant\sum_{j=1}^{q}m\left(r,\frac{1}{f-a_j}\right)-q\log^+\frac{2q}{\delta}-\log2.\tag{1.1.14}$$

综合式（1.1.9）和式（1.1.14）即可得到式（1.1.8）. □

1.1.3 特征函数与 Nevanlinna 例外值

由亚纯函数 $f(z)$ 的均值函数 $m(r,f)$ 和极点密指量 $N(r,f)$ 即可定义它的特征函数.

定义 1.1.3. 设 $f(z)$ 为亚纯函数，称

$$T(r,f)=m(r,f)+N(r,f).$$

为 $f(z)$ 的特征函数.

下面给出特征函数的常用性质1～性质4. 其中性质1、性质2和性质4的证明留给读者.

性质1 设$f(z)$为平面上的非常数亚纯函数，则

$$\lim_{r\to\infty}T(r,f)=\infty.$$

性质2 设$f(z)$为平面上的超越亚纯函数，则

$$\lim_{r\to\infty}\frac{T(r,f)}{\log r}=\infty.$$

性质3 设$f(z)$为平面上的非常数整函数，则对$0\leqslant r<R<\infty$，有

$$T(r,f)\leqslant\log^+M(r,f)\leqslant\frac{R+r}{R-r}T(R,f),$$

其中，

$$M(r,f)=\max_{|z|=r}|f(z)|.$$

证明. 由于$f(z)$无零点，故$T(r,f)=m(r,f)$. 由$m(r,f)$的定义，显然有

$$T(r,f)\leqslant\log^+M(r,f).$$

即第一个不等式成立.

当$M(r,f)\leqslant1$时，第二个不等式显然成立.

当$M(r,f)>1$时，设$|f(z_0)|=M(r,f)$，其中，$z_0=re^{i\theta}$. 应用Poisson－Jensen公式（定理1.1.1），并注意到$\left|\frac{R(z-a_\mu)}{R^2-\bar{a}_\mu z}\right|<1$，则

$$\begin{aligned}\log^+M(r,f)&=\log|f(z_0)|\\&\leqslant\frac{1}{2\pi}\int_0^{2\pi}\log|f(Re^{i\varphi})|\frac{R^2-r^2}{R^2-2Rr\cos(\theta-\varphi)+r^2}d\varphi\\&\leqslant\frac{R+r}{R-r}\cdot\frac{1}{2\pi}\int_0^{2\pi}\log^+|f(Re^{i\varphi})|d\varphi\\&=\frac{R+r}{R-r}T(R,f).\end{aligned}$$

即第二个不等式成立. □

性质4 设$f_1,f_2,\cdots,f_q$为非常数亚纯函数，有

$$T\Big(r,\prod_{j=1}^q f_j\Big)\leqslant\sum_{j=1}^q T(r,f_j),$$

和

$$T\Big(r,\sum_{j=1}^q f_j\Big)\leqslant\sum_{j=1}^q T(r,f_j)+\log q.$$

定义1.1.4. 定义非常数亚纯函数$f(z)$的增长级$\rho(f)$，超级$\rho_2(f)$，零点收敛指数$\lambda(f)$和极点收敛指数$\lambda(1/f)$为

$$\rho(f)=\limsup_{r\to\infty}\frac{\log^+T(r,f)}{\log r},\rho_2(f)=\limsup_{r\to\infty}\frac{\log^+\log^+T(r,f)}{\log r},$$

$$\lambda(f)=\limsup_{r\to\infty}\frac{\log^+N(r,1/f)}{\log r},\lambda(1/f)=\limsup_{r\to\infty}\frac{\log^+N(r,f)}{\log r}.$$

注. 对非常数整函数，已知

$$\rho(f) = \limsup_{r\to\infty}\frac{\log^+\log^+ M(r,f)}{\log r},\ \rho_2(f) = \limsup_{r\to\infty}\frac{\log^+\log^+\log^+ M(r,f)}{\log r}$$

定义 1.1.5. 在本书中，对非常数亚纯函数$f(z)$，用$S(r,f)$表示所有满足

$$\lim_{r\to\infty}\frac{S(r,f)}{T(r,f)} = 0,\ r\notin E$$

的量，其中，$E\subset(1,\infty)$为一个具有有限对数测度的集合.

若亚纯函数$a(z)$满足$T(r,a)=S(r,f)$，则称$a(z)$为$f(z)$的小函数. 用$S(f)$表示由$f(z)$的所有小函数构成的集合，并记$\hat{S}(f)=S(f)\cup\{\infty\}$.

对$a\in\hat{S}(f)$，定义

$$\delta(a,f) = \liminf_{r\to\infty}\frac{m\left(r,\dfrac{1}{f-a}\right)}{T(r,f)},$$

并使用记号：

$$\Theta(a,f) = 1-\limsup_{r\to\infty}\frac{\overline{N}\left(r,\dfrac{1}{f-a}\right)}{T(r,f)}.$$

定义 1.1.6. 称$\delta(a,f)$为复数a关于亚纯函数$f(z)$的亏量. 若$\delta(a,f)>0$，称a为$f(z)$的亏值，或称a为$f(z)$的 Nevanlinna 例外值.

直观地说，a是$f(z)$的亏值是指，在开平面上$f(z)-a$的零点比较"稀少". 它是 Picard 例外值的发展. 不难证明，非常数有理函数有且仅有有限个亏值.

在此给出 Niino - Ozawa [89] 证明的一个关于函数组亏值的有趣的结论.

定理 1.1.3. 设$f_j(z)(j=1,2,\cdots,p)$为超越整函数，$a_j=1,2,\cdots,p$为非零常数. 若

$$\sum_{j=1}^{p} a_j f_j(z) = 1,$$

则

$$\sum_{j=1}^{p}\delta(0,f_j)\leqslant p-1.$$

1.1.4 Nevanlinna 第一基本定理、第二基本定理

定理 1.1.4 (Nevanlinna 第一基本定理). 设$f(z)$于$|z|<R(\leqslant\infty)$内亚纯. 若a为任一有穷复数，则对于$0<r<R$，有

$$T\left(r,\frac{1}{f-a}\right) = T(r,f)+O(1).$$

注. Nevanlinna 第一基本定理表明，亚纯函数$\dfrac{1}{f(z)-a}$与$f(z)$具有相同的增长级. 其证明可通过应用 Jensen 公式完成.

定理 1.1.5 (Nevanlinna 第二基本定理). 设$f(z)$于$|z|<R(\leqslant\infty)$内亚纯. 若$f(0)\neq0,\infty$；$f'(0)\neq0$，则对于$0<r<R$，有

$$T(r,f)\leqslant N(r,f)+N\left(r,\frac{1}{f}\right)+N\left(r,\frac{1}{f-1}\right)-N_1(r)+S(r,f),$$

其中

$$N_1(r) = 2N(r,f) - N(r,f') + N\left(r,\frac{1}{f'}\right),$$

$$S(r,f) = m\left(r,\frac{f'}{f}\right) + m\left(r,\frac{f'}{f-1}\right) + \log\left|\frac{f(0)(f(0)-1)}{f'(0)}\right| + \log 2.$$

证明. 令

$$F(z) = \sum_{j=1}^{q}\frac{1}{f(z)-a_j}.$$

根据均值函数的性质（定理 1.1.2）可得

$$m(r,F) = \sum_{j=1}^{q} m\left(r,\frac{1}{f-a_j}\right) + O(1).$$

另一方面，有

$$\begin{aligned} m(r,F) &\leqslant m(r,f'F) + m\left(r,\frac{1}{f'}\right) \\ &\leqslant m(r,f'F) + T(r,f') - N\left(r,\frac{1}{f'}\right) + O(1). \end{aligned}$$

注意到

$$\begin{aligned} T(r,f') &= m(r,f') + N(r,f') \\ &\leqslant m(r,f) + m\left(r,\frac{f'}{f}\right) + N(r,f') \\ &= T(r,f) + m\left(r,\frac{f'}{f}\right) + (N(r,f') - N(r,f)), \end{aligned}$$

再结合上面的三个不等式，即可得到

$$\begin{aligned} m(r,f) + \sum_{j=1}^{q} m\left(r,\frac{1}{f-a_j}\right) &\leqslant 2T(r,f) - \\ &\left\{2N(r,f) - N(r,f') + N\left(r,\frac{1}{f'}\right)\right\} + \\ &m\left(r,\frac{f'}{f}\right) + m\left(r,\sum_{j=1}^{q}\frac{f'}{f-a_j}\right) + O(1). \end{aligned}$$

定理证明完毕.

□

注. Nevanlinna 第二基本定理表明，亚纯函数 $f(z)$ 的特征函数 $T(r,f)$ 可以由它的零点、极点和 1 值点进行估计. 在此仅给出该定理的证明，后文给出的推广形式的证明略去. 需要指出的是，在不同形式的 Nevanlinna 第二基本定理中，$S(r,f)$ 的形式各异，但性质均由 1.1.5 节给出的对数导数引理得到. 关于小函数的推广形式可参考 [103, 104].

以下是第二基本定理的普遍形式.

定理 1.1.6 ([25]). 设 $f(z)$ 于 $|z|<R$ 内亚纯，不退化为常数. 又设 a_v ($v=1, 2, \cdots, q$) 为 q ($\geqslant 2$) 个判别的有穷复数，且 $\min\limits_{1\leqslant v_1<v_2\leqslant q}|a_{v_1}-a_{v_2}|\geqslant\delta>0$. 若 $f(0)\neq 0$,

∞; $f'(0)\neq 0$，则对于 $0<r<R$，有

$$m(r,f)+\sum_{v=1}^{q}m\left(r,\frac{1}{f-a_v}\right)\leqslant 2T(r,f)-N_1(r)+S(r,f),$$

其中

$$S(r,f)=m\left(r,\frac{f'}{f}\right)+m\left(r,\sum_{v=1}^{q}\frac{f'}{f-a_v}\right)+q\log^+\frac{2q}{\delta}+\log 2+\log\frac{1}{|f'(0)|}.$$

下面叙述第二基本定理的另一种较精确的形式.

定理 1.1.7 ([56]). 设 $f(z)$ 为非常数亚纯函数，$q\geqslant 2$，且 a_1，…，a_q 为判别的有穷复数，则

$$(q-1)T(r,f)\leqslant \overline{N}(r,f)+\sum_{v=1}^{q}\overline{N}\left(r,\frac{1}{f-a_v}\right)+S(r,f).$$

当考虑将常数换成小函数时，我们给出以下形式的第二基本定理.

定理 1.1.8 ([76]). 设 $f(z)$ 为非常数亚纯函数，$q\geqslant 2$，且 $a_1(z)$，…，$a_q(z)$ 为关于 $f(z)$ 的判别的小函数，则

$$(q-1)T(r,f)\leqslant \overline{N}(r,f)+\sum_{v=1}^{q}\overline{N}\left(r,\frac{1}{f-a_v}\right)+S(r,f).$$

结合导数的亚纯函数对其特征函数进行估计是一个十分有趣的问题. 杨乐、Hayman、Millous 等人在这方面进行了深入的研究，得到了很好的结果. 在此给出 Milloux [83] 证明的其中一个结论.

定理 1.1.9 ([83]). 设 $f(z)$ 为非常数亚纯函数，k 为正整数，则

$$T(r,f)<\overline{N}(r,f)+N\left(r,\frac{1}{f}\right)+N\left(r,\frac{1}{f^{(k)}-1}\right)-N\left(r,\frac{1}{f^{(k+1)}}\right)+S(r,f).$$

1.1.5 几个常用的重要结果

对数导数引理在 Nevanlinna 第二基本定理的证明和使用中起着关键的作用，并有广泛的应用. 下面是 Valiron 给出的改进形式.

定理 1.1.10 (对数导数引理). 设 $f(z)$ 在 $|z|<R$ ($\leqslant\infty$) 内亚纯. 若 $f(0)\neq 0$，∞，则对于 $0<r<\rho<R$，有

$$m\left(r,\frac{f'}{f}\right)<10+4\log^+\log^+\frac{1}{|f(0)|}+2\log^+\frac{1}{r}+3\log^+\frac{1}{\rho-r}+4\log^+\rho+4\log^+T(\rho,f).$$

证明. 设 z_0 为 $|z|<R$ 内的一点，且不是 $f(z)$ 的零点或极点，则函数 $\log f(z)$ 在 z_0 的邻域内解析. 设

$$g(z)=\frac{1}{2\pi}\int_0^{2\pi}\log|f(Re^{i\varphi})|\frac{Re^{i\varphi}+z}{Re^{i\varphi}-z}d\varphi-\sum_{\mu=1}^{M}\log\frac{R^2-\overline{a}_\mu z}{R(z-a_\mu)}+\sum_{v=1}^{N}\log\frac{R^2-\overline{b}_\nu z}{R(z-b_\nu)},$$

其中，a_μ ($\mu=1,2,\cdots,M$)，b_ν ($v=1,2,\cdots,N$) 分别为 $f(z)$ 在 $|z|<R$ 内的零点和极点.

易知，$g(z)$ 也在 z_0 的邻域内解析. 注意到

$$\mathrm{Re}\left\{\frac{Re^{i\varphi}+z}{Re^{i\varphi}-z}\right\}=\frac{R^2-r^2}{R^2-2Rr\cos(\varphi-\theta)+r^2},$$

其中，$z=re^{i\theta}$. 由式（1.1.9）即得

$$\log|f(z)|=\frac{1}{2\pi}\int_0^{2\pi}\log|f(Re^{i\varphi})|\cdot\mathrm{Re}\left\{\frac{Re^{i\varphi}+z}{Re^{i\varphi}-z}\right\}d\varphi-\sum_{\mu=1}^{M}\log\left|\frac{R^2-\bar{a}_\mu z}{R(z-a_\mu)}\right|+\sum_{\nu=1}^{N}\log\left|\frac{R^2-\bar{b}_\nu z}{R(z-b_\nu)}\right|.$$

于是，解析函数 $\log f(z)$ 和 $g(z)$ 在 z_0 的邻域内实部相同. 由解析函数的性质可知，它们至多相差一个常数，即

$$\log f(z)=\frac{1}{2\pi}\int_0^{2x}\log|f(Re^{i\varphi})|\frac{Re^{i\varphi}+z}{Re^{i\varphi}-z}d\varphi-\sum_{\mu=1}^{M}\log\frac{R^2-\bar{a}_\mu z}{R(z-a_n)}+\sum_{\nu=1}^{N}\log\frac{R^2-\bar{b}_\nu z}{R(z-b_\nu)}+ic.\tag{1.1.15}$$

由 z 的任意性可知，式（1.1.15）在 $|z|<R$ 内成立. 对式（1.1.15）两边关于 z 求导可得

$$\frac{f'(z)}{f(z)}=\frac{1}{2\pi}\int_0^{2\pi}\log|f(Re^{i\varphi})|\frac{2Re^{i\varphi}}{(Re^{i\varphi}-z)^2}d\varphi-\sum_{\mu=1}^{M}\frac{|a_\mu|^2-R^2}{(z-a_\mu)(R^2-\bar{a}_\mu z)}+\sum_{\nu=1}^{N}\frac{|b_\nu|^2-R^2}{(z-b_\nu)(R^2-\bar{b}_\nu z)}.\tag{1.1.16}$$

当 $|z|=r$ 时，

$$\left|\frac{2Re^{i\varphi}}{(Re^{i\varphi}-z)^2}\right|\leqslant\frac{2R}{(R-r)^2},$$

且

$$\begin{aligned}\left|\frac{|a_\mu|^2-R^2}{(z-a_\mu)(R^2-\bar{a}_\mu z)}\right|&=\frac{R(R^2-|a_\mu|^2)}{|R^2-\bar{a}_\mu z|^2}\cdot\left|\frac{R^2-\bar{a}_\mu z}{R(z-a_\mu)}\right|\\&\leqslant\frac{R^3}{(R^2-Rr)^2}\left|\frac{R^2-\bar{a}_\mu z}{R(z-a_\mu)}\right|\\&=\frac{R}{(R-r)^2}\left|\frac{R^2-\bar{a}_\mu z}{R(z-a_\mu)}\right|.\end{aligned}$$

同理可得

$$\left|\frac{|b_\nu|^2-R^2}{(z-b_\nu)(R^2-\bar{b}_\nu z)}\right|\leqslant\frac{R}{(R-r)^2}\left|\frac{R^2-\bar{b}_\nu z}{R(z-b_\nu)}\right|.$$

于是，由式（1.1.16）可得

$$\left|\frac{f'(z)}{f(z)}\right|\leqslant\frac{2R}{(R-r)^2}\frac{1}{2\pi}\int_0^{2\pi}|\log|f(Re^{i\varphi})||d\varphi+\frac{2R}{(R-r)^2}\frac{1}{2\pi}\left\{\sum_{\mu=1}^{M}\left|\frac{R^2-\bar{a}_\mu z}{R(z-a_\mu)}\right|+\sum_{\nu=1}^{N}\left|\frac{R^2-\bar{b}_\nu z}{R(z-b_\nu)}\right|\right\}.\tag{1.1.17}$$

又由于

$$\begin{aligned}\frac{1}{2\pi}\int_0^{2\pi}|\log|f(Re^{i\varphi})||d\varphi&=m(R,f)+m\left(R,\frac{1}{f}\right)\\&\leqslant 2T(R,f)+\log\frac{1}{|f(0)|}.\end{aligned}$$

故由式（1.1.17）可得

$$\log^+\left|\frac{f'(z)}{f(z)}\right| \leqslant \log^+\frac{2R}{(R-r)^2} + \log^+ 2T(R,f) + \log^+\log^+\frac{1}{|f(0)|} + \sum_{\mu=1}^{M}\log^+\left|\frac{R^2-\bar{a}_\mu z}{R(z-a_\mu)}\right| + \sum_{\nu=1}^{N}\log^+\left|\frac{R^2-\bar{b}_\nu z}{R(z-b_\nu)}\right| + \log\left\{n(R,f)+n\left(R,\frac{1}{f}\right)+2\right\}. \tag{1.1.18}$$

对于函数

$$\frac{R^2-\bar{a}_\mu z}{R(z-a_\mu)}$$

应用 Jensen 公式，并注意到

$$\left|\frac{R^2-\bar{a}_\mu z}{R(z-a_\mu)}\right| > 1,$$

则有

$$\log\frac{R}{|a_\mu|} = m\left(r,\frac{R^2-\bar{a}_\mu z}{R(z-a_\mu)}\right) + \log^+\frac{r}{|a_\mu|}.$$

故

$$\sum_{\mu=1}^{m} m\left(r,\frac{R^2-\bar{a}_\mu z}{R(z-a_\mu)}\right) = \sum_{\mu=1}^{M}\log\frac{R}{|a_\mu|} - \sum_{\mu=1}^{M}\log^+\frac{r}{|a_\mu|} = N\left(R,\frac{1}{f}\right) - N\left(r,\frac{1}{f}\right).$$

同理

$$\sum_{\nu=1}^{N} m\left(r,\frac{R^2-\bar{b}_\nu z}{R(z-b_\nu)}\right) = N(R,f) - N(r,f).$$

由式（1.1.18）即得

$$m\left(r,\frac{f'}{f}\right) \leqslant 2\log 2 + \log^+ R + 2\log^+\frac{1}{R-r} + \log^+ T(R,f) + \log^+\log^+\frac{1}{|f(0)|} + N(R,f) - N(r,f) + N\left(R,\frac{1}{f}\right) - N\left(r,\frac{1}{f}\right) + \log\left\{n(R,f)+n\left(R,\frac{1}{f}\right)+2\right\}.$$

取 ρ，满足 $r<\rho<R$，这里 ρ 待定. 则由上式，显然有

$$m\left(r,\frac{f'}{f}\right) < 2\log 2 + \log^+\rho + 2\log^+\frac{1}{\rho-r} + \log^+ T(\rho,f) + \log^+\log^+\frac{1}{|f(0)|} + N(\rho,f) - N(r,f) + N\left(\rho,\frac{1}{f}\right) - N\left(r,\frac{1}{f}\right) + \log\left\{n(\rho,f)+n\left(\rho,\frac{1}{f}\right)+2\right\}. \tag{1.1.19}$$

下面估计

$$n(t)=n(t,f)+n\left(t,\frac{1}{f}\right).$$

记与 $n(t)$ 相应的计数函数为 $N(t)$，由

$$N(R)\geqslant\int_\rho^R\frac{n(t)}{t}\mathrm{d}t\geqslant n(\rho)\cdot\frac{R-\rho}{R},$$

可得

$$n(\rho)\leqslant\frac{R}{R-\rho}N(R)\leqslant\frac{R}{R-\rho}\left\{2T(R,f)+\log^+\frac{1}{|f(0)|}\right\}.$$

于是

$$\log^+\{n(\rho)+2\}\leqslant\log^+R+\log^+\frac{1}{R-\rho}+\log^+\log^+\frac{1}{|f(0)|}+\log^+T(R,f)+4\log 2. \tag{1.1.20}$$

易知 $N(t)$ 是 $\log t$ 的凸函数，故对 $0<r<\rho<R$，有

$$\frac{N(\rho)-N(r)}{\log\rho-\log r}\leqslant\frac{N(R)-N(r)}{\log R-\log r},$$

即

$$N(\rho)-N(r)\leqslant\frac{\log\rho-\log r}{\log R-\log r}\cdot N(R).$$

又由于

$$\log\frac{\rho}{r}=\int_r^\rho\frac{\mathrm{d}t}{t}\leqslant\frac{\rho-r}{\rho},\ \log\frac{R}{r}=\int_r^R\frac{\mathrm{d}t}{t}\geqslant\frac{R-r}{R},$$

故有

$$N(\rho)-N(r)\leqslant\frac{R}{r}\cdot\frac{\rho-r}{R-r}\left\{2T(R,f)+\log^+\frac{1}{|f(0)|}\right\}.$$

取 ρ 满足

$$\rho=r+\frac{r(R-r)}{2R\left\{T(R,f)+\log^+\frac{1}{|f(0)|}+1\right\}},$$

则有 $0<r<\rho<R$ 且

$$N(\rho)-N(r)<1 \tag{1.1.21}$$

和

$$\log^+\frac{1}{\rho-r}\leqslant\log^+\frac{1}{r}+\log^+\frac{1}{R-r}+\log^+R+\log^+T(R,f)+\log^+\log^+\frac{1}{|f(0)|}+\log 6. \tag{1.1.22}$$

注意到 $\rho-r<\frac{R-r}{2}$，故

$$R-\rho=(R-r)-(\rho-r)>\frac{R-r}{2},$$

从而

$$\log^+ \frac{1}{R-\rho} < \log 2 + \log^+ \frac{1}{R-r}. \qquad (1.1.23)$$

将式 (1.1.20)~式(1.1.23) 代入式 (1.1.19) 即可得到

$$m\left(r, \frac{f'}{f}\right) < 9\log 2 + 2\log 3 + 1 + 4\log^+ \log^+ \frac{1}{|f(0)|} +$$

$$+ 2\log^+ \frac{1}{r} + 3\log^+ \frac{1}{R-r} + 4\log^+ R + 4\log^+ T(R, f).$$

此时定理结论成立.

当 $f(0) = 0$ 或 ∞ 时, 不妨设在 $z = 0$ 的邻域内

$$f(z) = c_\lambda z^\lambda + c_{2+1} z^{\lambda+1} + \cdots, (c_2 \neq 0).$$

令 $g(z) = z^{-\lambda} f(z)$, 则 $g(0) \neq 0, \infty$. 注意到

$$\frac{f'(z)}{f(z)} = \frac{\lambda}{z} + \frac{g'(z)}{g(z)},$$

即可得到定理的结论.

□

注. 对非常数亚纯函数 $f(z)$ 应用对数导数引理时, 本书主要使用下面的估计式

$$m\left(r, \frac{f'}{f}\right) = S(r, f).$$

Clunie 引理是研究复域微分方程及其相关领域的一个有力工具. 下面我们给出经典的 Clunie 引理 [24] 的另外一种形式 (见 [45, 引理 3.3], [56, 引理 2.4.2]), 在此略去其证明.

定理 1.1.11 (Clunie 引理). 设 $f(z)$ 为超越亚纯函数, 且满足

$$f^n P(z, f) = Q(z, f),$$

其中, $P(z, f)$, $Q(z, f)$ 为 f 的多项式, 它们的系数 $\{a_\lambda \mid \lambda \in I\}$ 为亚纯函数, 且满足 $m(r, a_\lambda) = S(r, f)$ 对所有的 $\lambda \in I$ 成立. 若 $Q(z, f)$ 的次数至多为 n, 则

$$m(r, P(z, f)) = S(r, f).$$

关于亚纯函数 $f(z)$ 的有理函数的特征函数, 最常用的结果是 Valiron – Mohon'ko 定理. 它在复微分方程和本书的研究中起到了重要的作用. Mohon'ko [84] 给出了该定理的证明, 读者也可以参考 [56].

定理 1.1.12 ([84, 99]). 设 $f(z)$ 为非常数亚纯函数, 满足

$$R(z, f) = \frac{P(z, f)}{Q(z, f)},$$

其中

$$P(z, f) = \sum_{k=0}^p a_k f^k \quad \text{和} \quad Q(z, f) = \sum_{j=0}^q b_j f^j$$

为两个互质的关于 f 的多项式, 系数 $\{a_k(z)\}$, $\{b_j(z)\}$ 均为 f 的小函数, 且 $a_p(z) \not\equiv 0$, $b_q(z) \not\equiv 0$, 则

$$T(r,R(z,f)) = \max\{p,q\}T(r,f) + S(r,f).$$

以下是经典的亚纯函数的 Hadamard 分解定理，在本书中经常用到. 该定理的证明涉及内容较多，建议读者参阅［56，103］.

定理 1.1.13 （Hadamard 分解定理）. 假设 $f(z)$ 为有限级的亚纯函数，级为 $\rho(f)=\rho$. 若在 $z=0$ 处，

$$f(z) = c_k z^k + c_{k+1}z^{k+1} + \cdots, (c_k \neq 0, k \in \mathbb{Z}),$$

则

$$f(z) = z^k e^{Q(z)} \frac{P_1(z)}{P_2(z)},$$

其中，$P_1(z)$和 $P_2(z)$分别为$f(z)$非零零点和极点的典型乘积，$Q(z)$为次数不超过ρ的多项式.

最后给出两个在亚纯函数唯一性理论中十分常用的结果. 证明及相关结论建议参阅［103］.

定理 1.1.14. 设$f_j(z)$ $(j=1, 2, \cdots, n)$ 是整函数，$a_j(z)$ $(j=0, 1, \cdots, n)$ 是亚纯函数，且满足

$$T(r,a_j) = o\left(\sum_{k=1}^{n} T(r,e^{f_k})\right) \quad (r\to\infty, r\notin E)(j=0,1,\cdots,n).$$

若

$$\sum_{j=1}^{n} a_j(z)e^{f_j(z)} \equiv a_0(z),$$

则存在不全为 0 的常数 c_j $(j=1, 2, \cdots, n)$，使得

$$\sum_{j=1}^{n} c_j a_j(z)e^{f_j(z)} \equiv 0.$$

定理 1.1.15. 设$f_j(z)$ $(j=1, 2, 3)$ 为亚纯函数，且$f_1(z)$ 不为常数. 若

$$\sum_{j=1}^{3} f_j(z) \equiv 1$$

且

$$\sum_{j=1}^{3} N\left(r,\frac{1}{f_j}\right) + 2\sum_{j=1}^{3} \overline{N}(r,f_j) < (\lambda + o(1))T(r), (r\in I),$$

其中，$\lambda<1$，$T(r)=\max\{T(r,f_j): 1\leqslant j\leqslant 3\}$，则 $f_2(z)\equiv 1$ 或 $f_3(z)\equiv 1$.

1.2 复域差分的 Nevanlinna 理论的基础知识

定义 1.2.1. 设$f(z)$为非常数亚纯函数，对任意非零复常数η，称$f(z+\eta)$为$f(z)$的位移. 其差分 $\Delta_\eta^n f(z)$定义如下：

$$\Delta_\eta f(z) = f(z+\eta) - f(z), \quad \Delta^n f(z) = \Delta_\eta^{n-1}(\Delta_\eta f(z)), \quad n\in\mathbb{N}, n\geqslant 2.$$

当 $\eta=1$ 时，使用简单记号 $\Delta_\eta^n f(z) = \Delta^n f(z)$.

定义 1.2.2. 亚纯函数$f(z)$的差分多项式 $P(z, f)$定义如下：

$$P(z,f)=\sum_{\lambda\in\Lambda}a_\lambda(z)\prod_{j=1}^{\tau_\lambda}f(z+\eta_{\lambda,j})^{\mu_{\lambda,j}},$$

其中，Λ 为有限指标集，τ_λ，$\mu_{\lambda,j}$为正整数，$a_\lambda\in S(f)$且至少有一个 $\eta_{\lambda,j}$不为零.

注. 有时也称$P(z,f)$为关于$f(z)$和它的位移的差分多项式. 若对任意 $\lambda\in\Lambda$，总有$\mu_{\lambda,j}=1$，则记$P(z,f)=L(z,f)$.

Halburd－Korhonen 在文献［41］中给出了以下重要结论.

定理 1.2.1（［41］）. 设 $T:(0,+\infty)\to(0,+\infty)$为非减的连续函数，$s>0$，$\alpha<1$. 记 $F\subset\mathbb{R}_+$，满足$\forall r\in F$，有

$$T(r)\leqslant\alpha T(r+s).$$

若 F 具有无穷的对数导数测度，则

$$\limsup_{r\to\infty}\frac{\log T(r)}{\log r}=\infty.$$

注. 由定理 1.2.1 可知，对有限级亚纯函数$f(z)$和给定的非零常数 c，有

$$N(r,f)\leqslant N(r+|c|,f),\quad T(r,f)\leqslant T(r+|c|,f).$$

2007 年前后，Chiang－Feng［22］和 Halburd－Korhonen［39］分别独立地得到了对数导数引理的差分模拟. 由此开启了人们建立和不断完善差分的 Nevanlinna 理论的研究工作. 首先给出文献 Chiang－Feng［22］和 Halburd－Korhonen［39］中最常用的结果.

定理 1.2.2（［22］）. 设$f(z)$为有限级亚纯函数且满足$\rho(f)=\rho<\infty$，η 为非零复数，$\varepsilon>0$ 为任意给定的实数，则

$$m\left(r,\frac{f(z+\eta)}{f(z)}\right)=O(r^{\rho-1+\varepsilon})=S(r,f).$$

定理 1.2.3（［39］）. 设$f(z)$为非常数有限级亚纯函数，$c\in\mathbb{C}$ 且 $\delta<1$，则

$$m\left(r,\frac{f(z+c)}{f(z)}\right)=o\left(\frac{T(r+|c|,f)}{r^\delta}\right)$$

对所有 r 成立，至多除去一个具有有限对数测度的例外集.

注. 需要指出的是，由 Halburd－Korhonen－Tohge［42］的结果，引理 1.2.2 和引理 1.2.3 以及本节的其他结论，对超级 $\rho_2(f)<1$ 的非常数亚纯函数仍然成立. 但本书主要考虑有限级亚纯函数的情况，因此主要介绍与此相关的结论. 这些成果的证明均来源于近年来的文献，较为繁琐，留给读者自行查阅.

Halburd－Korhonen［40］还给出了对数导数引理的另一种形式的差分模拟，它在研究亚纯函数$f(z)$及其差分 $\Delta_c f$ 的相关问题中起着非常重要的作用.

定理 1.2.4（［40］）. 设$c\in\mathbb{C}$，$n\in\mathbb{N}$，$f(z)$为有限级亚纯函数，则对任意周期为 c 的$f(z)$的小函数 $a(z)$，有

$$m\left(r,\frac{\Delta_c^n f}{f(z)-a(z)}\right)=S(r,f),$$

其中与 $S(r,f)$相关的例外集至多具有有限对数测度.

Halburd－Korhonen 在文献［40］中给出了 Nevanlinna 第二基本定理的差分模拟.

为陈述该定理，先引入几个记号. 设$f(z)$为非常数亚纯函数，对任意非零复数c，我们用$n_c(r,a)$表示满足$f(z_0)=f(z_0+c)=a$时，$f(z)$和$f(z_0+c)$在z_0处的泰勒展开式的最初相同的系数的个数. 我们称这样的点为f在圆$\{z:|z|\leqslant r\}$内的c – *separated* a 对值点. 相应地，定义计数函数，精简计数函数如下：

$$N_c(r,a):=\int_0^r \frac{n_c(t,a)-n_c(0,a)}{t}\mathrm{d}t+n_c(0,a)\log r,$$

$$N_c(r,\infty):=\int_0^r \frac{n_c(t,\infty)-n_c(0,\infty)}{t}\mathrm{d}t+n_c(0,\infty)\log r,$$

其中，$n_c(t,\infty)$是f在圆$\{z:|z|\leqslant t\}$内的c – *separated* ∞ 对值点，即$1/f$的c – *separated* 0 对值点的个数. 进一步，我们使用定义

$$\widetilde{N}_c:=N(r,a)-N_c(r,a)$$

表示f的a值点（包括极点）且不是c – *separated* a 对值点的计数函数. 若要特别强调这些函数与f的关系，我们可以用符号$N_c(r,1/(f-a))$代替$N_c(r,a)$，用符号$N_c(r,f)$代替$N_c(r,\infty)$.

定理 1.2.5（[40]）. 设$f(z)$为有限级亚纯函数，$\Delta_c f\not\equiv 0$，$c\in\mathbb{C}$. 令$q\geqslant 2,a_1,\cdots,a_q\in S(f)$为$q$个不同的以$c$为周期的亚纯函数，则

$$m(r,f)+\sum_{k=1}^{q} m\left(r,\frac{1}{f-a_k}\right)\leqslant 2T(r,f)+N_{pair}(r)+S(r,f),$$

其中

$$N_{pair}(r)=2N(r,f)-N(r,\Delta_c f)+N\left(r,\frac{1}{\Delta_c f}\right).$$

结合 Nevanlinna 第一基本定理，上述定理可化为以下形式.

定理 1.2.6（[40]）. 设$f(z)$为有限级亚纯函数，$\Delta_c f\not\equiv 0$，$c\in\mathbb{C}$. 令$q\geqslant 2$，a_1，…，$a_q\in S(f)$为q个不同的以c为周期的亚纯函数，则

$$(q-2)T(r,f)<\widetilde{N}_c(r,f)+\sum_{k=1}^{q}\widetilde{N}_c\left(r,\frac{1}{f-a_k}\right)+S(r,f).$$

2006 年，Halburd – Korhonen [39] 首先建立了 Clunie 引理的差分模拟. 后来，Laine – Yang [57] 推广和改进了 Halburd – Korhonen 的结论，得到了下面的两个结果.

定理 1.2.7（[39, 57]）. 设$w(z)$为方程

$$P(z,w)=0$$

的非常数有限级亚纯解，其中，$P(z,w)$为$w(z)$的差分多项式. 若对亚纯函数$a(z)$满足$T(r,a)=S(r,w)$，有$P(z,a)\not\equiv 0$，则

$$m\left(r,\frac{1}{w-a}\right)=S(r,w),$$

其中关于$S(r,w)$的例外集至多具有有限对数测度.

定理 1.2.8（[57]）. 设$f(z)$为有限ρ级超越亚纯函数，且满足方程

$$U(z,f)P(z,f)=Q(z,f),$$

其中，$U(z,f)$，$P(z,f)$，$Q(z,f)$为$f(z)$的差分多项式，$U(z,f)$关于$f(z)$及其位移的次数 $\deg U(z,f)=n$，而 $\deg Q(z,f)\leqslant n$. 若$U(z,f)$仅有一项次数最高，则对任意的$\varepsilon>0$，有

$$m(r,P(z,f))=O(r^{\rho-1+\varepsilon})+S(r,f),$$

对所有的r成立，至多除去一个具有有限对数测度的例外集.

注. 在定理1.2.8的实际应用中，通常$U(z,f)=f^n(z)$.

除了本节所列出的结果，还有很多关于Nevanlinna理论的差分模拟的优秀成果，包括Bergweiler-Langley［2］和Langley［61］关于慢增长的亚纯函数的差分的值分布的研究成果，Ishizaki-Yanagihara［49］关于差分方程慢增长亚纯解的性质的研究成果以及差分的Wiman-Valiron理论的结果等，我们不在此表述.

1.3 亚纯函数唯一性理论的基础知识

1.3.1 基本概念和记号

定义1.3.1. 设f和g为非常数亚纯函数，a为f和g的小函数，再设$f-a$的零点为z_n（$n=1, 2, \cdots$）. 若z_n（$n=1, 2, \cdots$）也是$g-a$的零点，则记为

$$f-a\Rightarrow g-a.$$

若当z_n（$n=1, 2, \cdots$）是$f-a$的$\nu(n)$重零点时，也是$g-a$的至少$\nu(n)$重零点，则记为

$$f-a\rightarrow g-a.$$

若$f-a=0\Leftrightarrow g-a=0$，我们就称$f$和$g$分担小函数$a$IM（不计重数）. 若$f-a=0\rightleftarrows g-a=0$，我们就称$f$和$g$分担小函数$a$CM（计重数）. 当$a$为常数函数（包括$a\equiv\infty$）时，我们就分别称$f$和$g$分担$a$IM（CM）.

定义1.3.2. 对亚纯函数$f(z)$和集合$S\subset\{a(z)\mid T(r,a)=S(r,f)\}\cup\{\infty\}$，定义

$$E_f(S)=\bigcup_{a\in S}\{z\mid f(z)-a(z)=0\},$$

这里m重零点在$E_f(S)$中重复m次. 另外，我们用$\overline{E}_f(S)$表示$E_f(S)$中不同点的集合.

对亚纯函数f和g，若$E_f(S)=E_g(S)$（或$\overline{E}_f(S)=\overline{E}_g(S)$），则称$f$和$g$分担集合$S$ CM（或IM）.

1.3.2 主要的相关结论

20世纪20年代末，Nevanlinna利用其建立的Nevanlinna理论，证明了著名的Nevanlinna五值定理和Nevanlinna四值定理［88］. 在此仅给出五值定理的证明，四值定理的证明可以参阅文献［88，103］.

定理1.3.1（Nevanlinna五值定理）. 设f和g为两个非常数亚纯函数，a_j（$j=1, 2, 3, 4, 5$）为五个判别的复数. 若a_j（$j=1, 2, 3, 4, 5$）为f和g的IM公共值，则$f\equiv g$.

证明. 使用反证法，假设$f(z)\not\equiv g(z)$. 先考虑a_j（$j=1, 2, 3, 4, 5$）均为有限复数的情况. 由第二基本定理，有

$$3T(r,f) < \sum_{j=1}^{5}\overline{N}\left(r,\frac{1}{f-a_j}\right)+S(r,f), \tag{1.3.1}$$

$$3T(r,g) < \sum_{j=1}^{5}\overline{N}\left(r,\frac{1}{g-a_j}\right)+S(r,g), \tag{1.3.2}$$

由于 a_j ($j=1,2,3,4,5$) 是 $f(z)$ 与 $g(z)$ 的 IM 公共值，故

$$\begin{aligned}\sum_{j=1}^{5}\overline{N}\left(r,\frac{1}{f-a_j}\right)=\sum_{j=1}^{5}\overline{N}\left(r,\frac{1}{g-a_j}\right)&\leqslant N\left(r,\frac{1}{f-g}\right)\\ &\leqslant T(r,f-g)+O(1)\\ &\leqslant T(r,f)+T(r,g)+O(1).\end{aligned} \tag{1.3.3}$$

结合式 (1.3.1) ~式 (1.3.3)，可得

$$3\{T(r,f)+T(r,g)\}\leqslant 2\{T(r,f)+T(r,g)\}+S(r,f)+S(r,g),$$

即

$$T(r,f)+T(r,g)\leqslant S(r,f)+S(r,g).$$

矛盾！故 $f(z)\equiv g(z)$.

下面考虑 a_j ($j=1,2,3,4,5$) 中有一个为 ∞ 的情况. 不失一般性，设 $a_5=\infty$. 取有限复数 a，满足 $a\neq a_j$ ($j=1,2,3,4$). 令

$$F(z)=\frac{1}{f(z)-a},\quad G(z)=\frac{1}{g(z)-a},$$

并记

$$b_j=\frac{1}{a_j-a}\quad (j=1,2,3,4),\quad b_5=0.$$

则易知 b_j ($j=1,2,3,4,5$) 为 $F(z)$ 与 $G(z)$ 的 IM 公共值. 由前面的讨论可知 $F(z)\equiv G(z)$. 即定理成立.

定理 1.3.2 (Nevanlinna 四值定理). 设 f 和 g 为两个非常数亚纯函数，a_j ($j=1,2,3,4$) 为四个判别的复数. 若 a_j ($j=1,2,3,4$) 为 f 和 g 的 CM 公共值，则 $f\equiv T\circ g$，其中，T 为线性变换.

其后的数十年间，人们围绕减少分担值的个数，或者考虑将公共值改为小函数(集合)，以及考虑两个函数满足某些特殊关系的情况，进行广泛而深入的研究，得到了十分丰富的研究成果（如 [4, 30–37, 50, 62–64, 85, 86, 95–97, 106]). 在此回顾其中几个相关的重要进展，其余部分将放到本书后面相应的章节中.

1979 年，Gundersen [33] 给出例子说明了，若定理 1.3.2 中的“CM”换成“IM”，则定理结论不能成立.

例 1.3.1. 令

$$f(z)=\frac{e^{h(z)}+b}{(e^{h(z)}-b)^2},\quad g(z)=\frac{(e^{h(z)}+b)^2}{8b^2(e^{h(z)}-h)},$$

其中，$h(z)$ 为非常数整函数，$b\neq 0$ 为有限复数. 则 0，∞，$\frac{1}{b}$，$-\frac{1}{8b}$为 $f(z)$ 与 $g(z)$

的IM公共值，但都不是$f(z)$与$g(z)$的CM公共值. 而$g(z)$不是$f(z)$的线性变换是显然的.

同时，Gundersen［33］也证明了3CM+1IM=4CM. 1983年，Gundersen［35］进一步证明了2CM+2IM=4CM. 但是，4CM能否用1CM+3IM代替，至今还未解决.

当考虑$f(z)$和$g(z)$具有某种特殊关系时，往往会得到很好的结论. 其中一个方向是考虑亚纯函数与其导数具有分担值的唯一性问题. 在过去的40多年里，相关的研究一直很活跃，并出现了十分丰富的成果. 事实上，在1977年，Rubel-Yang在文献［96］中首先研究了亚纯函数与其导数具有分担值的唯一性问题. 他们证明了下面的结果.

定理1.3.3（［96］）. *设f为非常数整函数，若f和f'的分担两个不同的有限值CM，则$f\equiv f'$.*

证明. 使用反证法，假设$f\not\equiv f'$，并分两种情况导出矛盾，完成证明.

若$ab=0$，不失一般性，不妨设$a=0$，$b\neq 0$. 则0必为f与f'的Picard例外值. 设

$$f(z)=e^{\alpha(z)},\quad f'(z)=e^{\beta(z)},\tag{1.3.4}$$

其中，$\alpha(z)$，$\beta(z)$为非常数整函数，于是

$$e^{\beta(z)}=\alpha'(z)e^{\alpha(z)}.\tag{1.3.5}$$

注意到b为f和f'的CM公共值，故

$$\frac{f-b}{f'-b}=e^{\gamma}.\tag{1.3.6}$$

其中，$\gamma(z)$为整函数. 结合式（1.3.4）~式（1.3.6），可得

$$\frac{1}{b}e^{\alpha}+e^{\gamma}-\frac{1}{b}e^{\beta+\gamma}=1.\tag{1.3.7}$$

由定理1.1.15可得$e^{\gamma}\equiv 1$或$-\frac{1}{b}e^{\beta+\gamma}\equiv 1$.

若$e^{\gamma}\equiv 1$，由式（1.3.6）可得$f\equiv f'$.

若$-\frac{1}{b}e^{\beta+\gamma}\equiv 1$，则$e^{\gamma}=-be^{-\beta}$，再由式（1.3.7）得$e^{\gamma}=-\frac{1}{b}e^{\alpha}$因此$e^{\beta}=b^2e^{-\alpha}$.

进而由式（1.3.5）可得$e^{2\alpha}=\frac{b^2}{\alpha'}$，这是一个矛盾.

若$ab\neq 0$，则

$$\frac{f'(z)-a}{f(z)-a}=e^{\alpha(z)},\quad \frac{f'(z)-b}{f(z)-b}=e^{\beta(z)}.\tag{1.3.8}$$

其中，$\alpha(z)$与$\beta(z)$为整函数. 由式（1.3.8）可得

$$f=\frac{be^{\beta}-ae^{\alpha}+a-b}{e^{\beta}-e^{\alpha}},\tag{1.3.9}$$

$$f'=\frac{be^{\alpha}-ae^{\beta}+(a-b)e^{\beta+\alpha}}{e^{\alpha}-e^{\beta}}.\tag{1.3.10}$$

再由式（1.3.9）和式（1.3.10）可得

$$ae^{2\beta}+be^{2\alpha}+(a-b)e^{2\alpha+\beta}-(a-b)e^{\alpha+2\beta}+$$
$$[(b-a)(\beta'-\alpha')-(a+b)]e^{\alpha+\beta}+(a-b)\beta'e^{\beta}-(a-b)a'e^{\alpha}=0, \tag{1.3.11}$$

以及

$$T(r,f)<2T(r,e^{\alpha})+2T(r,e^{\beta})+O(1). \tag{1.3.12}$$

设 $e^{\alpha}\equiv c$，其中，c（$\neq 0$，1）为常数. 由式（1.3.12）知，e^{β}不为常数，再由式（1.3.11）得

$$Ae^{2\beta}+Be^{\beta}+bc^2=0. \tag{1.3.13}$$

其中，

$$A=a-(a-b)c,$$
$$B=(a-b)c^2+[(b-a)\beta'-(a+b)]c+(a-b)\beta'.$$

由于

$$T(r,B)=S(r,e^{\beta})$$

故式（1.3.12）不可能成立. 因此，e^{α}不为常数. 同理可证 e^{β}，$e^{\beta-\alpha}$，$e^{2\alpha-\beta}$，$e^{2\beta-\alpha}$均不为常数. 由式（1.3.11）可得

$$ae^{\beta}+be^{2\alpha-\beta}+(a-b)e^{2\alpha}-(a-b)e^{\alpha+\beta}+[(b-a)(\beta'-\alpha')-$$
$$(a+b)]e^{\alpha}-(a-b)\alpha'e^{\alpha-\beta}=-(a-b)\beta'. \tag{1.3.14}$$

应用定理 1.1.3，由式（1.3.14）知，存在不全为零的常数 c_1，c_2，…，c_6，使得

$$c_1e^{\beta}+c_2e^{2\alpha-\beta}+c_3e^{2\alpha}+c_4e^{\alpha+\beta}+$$
$$c_5[(b-a)(\beta'-\alpha')-(a+b)]e^{\alpha}+c_6\alpha'e^{\alpha-\beta}=0. \tag{1.3.15}$$

由式（1.3.15）得

$$c_1e^{\beta-\alpha}+c_2e^{\alpha-\beta}+c_3e^{\alpha}+c_4e^{\beta}+c_6\alpha'e^{-\beta}=-c_5[(b-a)(\beta'-\alpha')-(a+b)]. \tag{1.3.16}$$

再应用定理 1.1.3，由式（1.3.16）得

$$d_1e^{\beta-\alpha}+d_2e^{\alpha-\beta}+d_3e^{\alpha}+d_4e^{\beta}+d_5\alpha'e^{-\beta}=0.$$

其中，d_1，d_2，…，d_n为不全为零的常数. 故

$$d_1e^{2\beta-\alpha}+d_2e^{\alpha}+d_3e^{\alpha+\beta}+d_4e^{2\beta}=-d_5\alpha'. \tag{1.3.17}$$

再应用定理 1.1.3，由式（1.3.17）得

$$t_1e^{2\beta-\alpha}+t_2e^{\alpha}+t_3e^{\alpha+\beta}+t_4e^{2\beta}=0. \tag{1.3.18}$$

不妨设 $t_4\neq 0$，由上式得

$$-\frac{t_1}{t_4}e^{-\alpha}-\frac{t_2}{t_4}e^{\alpha-2\beta}-\frac{t_3}{t_4}e^{\alpha-\beta}=1.$$

注意到 $e^{-\alpha}$，$e^{\alpha-2\beta}$，$e^{\alpha-\beta}$均不为常数，应用定理 1.1.15 知，式（1.3.18）不成立.

综上所述，即可证明 $f\equiv f'$.

□

Mues 和 Steinmetz [85] 证明了把定理1.3.3中的2 CM值换成2 IM值，结论仍成立.

定理1.3.4. ([85]) 设f为非常数整函数，若f和f'的分担两个不同的有限值IM，则$f\equiv f'$.

证明. 使用反证法，假设$f\not\equiv f'$，并分两种情况导出矛盾，完成证明.

若$ab\neq 0$，因a，b为f与f'的IM公共值，故$f-a$与$f-b$的零点均为简单零点. 故

$$\begin{aligned} N\left(r,\frac{1}{f-f'}\right) &\leqslant T(r,f-f')+O(1) \\ &= m(r,f-f')+O(1) \\ &= m\left(r,f\left(1-\frac{f'}{f}\right)\right)+O(1) \\ &\leqslant m(r,f)+S(r,f) \\ &= T(r,f)+S(r,f). \end{aligned}$$

于是

$$N\left(r,\frac{1}{f-a}\right)+N\left(r,\frac{1}{f-b}\right)\leqslant N\left(r,\frac{1}{f-f'}\right)\leqslant T(r,f)+S(r,f). \tag{1.3.19}$$

注意到

$$m\left(r,\frac{1}{f-a}\right)+m\left(r,\frac{1}{f-b}\right)\leqslant m\left(r,\frac{1}{f'}\right)+S(r,f),$$

再由式(8.1.15)得

$$2T(r,f)\leqslant T(r,f)+m\left(r,\frac{1}{f'}\right)+S(r,f). \tag{1.3.20}$$

注意到

$$\overline{N}\left(r,\frac{1}{f'-a}\right)+\overline{N}\left(r,\frac{1}{f'-b}\right)\leqslant N\left(r,\frac{1}{f-f'}\right)\leqslant T(r,f)+S(r,f),$$

和

$$N\left(r,\frac{1}{f'-a}\right)-\overline{N}\left(r,\frac{1}{f'-a}\right)+N\left(r,\frac{1}{f'-b}\right)-\overline{N}\left(r,\frac{1}{f'-b}\right)\leqslant N\left(r,\frac{1}{f''}\right).$$

于是

$$N\left(r,\frac{1}{f'-a}\right)+N\left(r,\frac{1}{f'-b}\right)\leqslant T(r,f)+N\left(r,\frac{1}{f''}\right)+S(r,f). \tag{1.3.21}$$

注意到

$$m\left(r,\frac{1}{f'}\right)+m\left(r,\frac{1}{f'}-a\right)+m\left(r,\frac{1}{f'-b}\right)\leqslant m\left(r,\frac{1}{f''}\right)+S(r,f),$$

由式(1.3.21)得

$$\begin{aligned} m\left(r,\frac{1}{f'}\right)+2T(r,f') &\leqslant T(r,f)+T(r,f'')+S(r,f) \\ &\leqslant T(r,f)+T(r,f')+S(r,f). \end{aligned}$$

由式（1.3.19）和式（1.3.21）即得

$$T(r,f')=S(r,f).$$

再由式（1.3.19）得

$$\begin{aligned}2T(r,f)&\leqslant T(r,f)+T(r,f')+S(r,f)\\&=T(r,f)+S(r,f).\end{aligned}$$

这就得到矛盾

$$T(r,f')=S(r,f).$$

若 $a\cdot b=0$. 不失一般性，不妨设 $a=0$，$b=1$. 由于为 f 和 f' 的 IM 分担 0，1，故 f 的零点的重级均大于 1，$f-1$ 的零点均为简单零点. 令

$$g=\frac{f'(f'-f)}{f(f-1)},\tag{1.3.22}$$

则 g 为整函数. 于是

$$\begin{aligned}T(r,g)&=m\left(r,\frac{f'}{f-1}\cdot\left(\frac{f'}{f}-1\right)\right)\\&\leqslant m\left(r,\frac{f'}{f-1}\right)+m\left(r,\frac{f'}{f}\right)+O(1)=S(r,f).\end{aligned}\tag{1.3.23}$$

由式（1.3.22）得

$$(f')^2-ff'=g(f^2-f).\tag{1.3.24}$$

由式（1.3.24）得

$$2f'f''-(f')^2-ff''=g'(f^2-f)+g(2ff'-f').\tag{1.3.25}$$

及

$$\begin{aligned}&2(f'')^2+2f'f'''-3f'f''-ff''\\&=g''(f^2-f)+2g'(2ff'-f')+g(2(f')^2+2ff''-f'').\end{aligned}\tag{1.3.26}$$

设 z_1 为 $f-1$ 的零点，则 $f(z_1)=f'(z_1)=1$. 由式（1.3.25）得

$$f''(z_1)=1+g(z_1).\tag{1.3.27}$$

再由式（1.3.26）可得

$$f'''(z_1)=2g'(z_1)-g^2(z_1)+2g(z_1)+1.\tag{1.3.28}$$

设

$$\phi=\frac{f''-(1+g)f'}{f-1},\tag{1.3.29}$$

$$\psi=\frac{f'''-(2g'-g^2+2g+1)f'}{f-1}.\tag{1.3.30}$$

注意到 $f-1$ 的零点均为简单零点. 由式（1.3.27）和式（1.3.28）知，ϕ 与 ψ 均为整函数，于是

$$\begin{aligned}T(r,\phi)&=m(r,\phi)\\&\leqslant m\left(r,\frac{f''}{f-1}\right)+m\left(r,\frac{f'}{f-1}\right)+m(r,g)+O(1)\\&=S(r,f).\end{aligned}$$

同理有

$$T(r,\psi) = S(r,f).$$

由式（1.3.29）和式（1.3.30）可得

$$f'[2g^2 - g' + \phi] = (f-1)[\psi - \phi' - (1+g)\phi]. \tag{1.3.31}$$

假设$2g^2 - g' + \phi \not\equiv 0$，则由式（1.3.31）可得

$$N\left(r,\frac{1}{f-1}\right) \leqslant N\left(r,\frac{1}{2g^2 - g' + \phi}\right) = S(r,f)$$

和

$$\overline{N}\left(r,\frac{1}{f}\right) \leqslant N\left(r,\frac{1}{\psi - \phi' - (1+g)\phi}\right) = S(r,f).$$

再由第二基本定理得

$$\begin{aligned} T(r,f) &< \overline{N}\left(r,\frac{1}{f-1}\right) + \overline{N}\left(r,\frac{1}{f}\right) + S(r,f) \\ &= S(r,f), \end{aligned}$$

矛盾！因此，

$$2g^2 - g' + \phi \equiv 0. \tag{1.3.32}$$

设z_0为f的零点，则由式（1.3.26）可得

$$2f''(z_0) = -g(z_0).$$

由式（1.3.29）得

$$f''(z_0) = -\phi(z_0),$$

从而

$$\phi(z_0) = \frac{1}{2}g(z_0).$$

再由式（1.3.32）得

$$2g^2(z_0) + \frac{1}{2}g(z_0) - g'(z_0) = 0. \tag{1.3.33}$$

如果$2g^2 + \frac{1}{2}g - g' \not\equiv 0$，由式（1.3.23）和式（1.3.33）得

$$\overline{N}\left(r,\frac{1}{f}\right) \leqslant N\left(r,\frac{1}{2g^2 + \frac{1}{2}g - g'}\right) = S(r,f).$$

注意到

$$\begin{aligned} N\left(r,\frac{1}{f-1}\right) &\leqslant N\left(r,\frac{1}{\frac{f'}{f} - 1}\right) \\ &\leqslant T\left(r,\frac{f'}{f}\right) + O(1) \\ &= N\left(r,\frac{f'}{f}\right) + m\left(r,\frac{f'}{f}\right) + O(1) \\ &= \overline{N}\left(r \cdot \frac{1}{f}\right) + S(r,f). \end{aligned}$$

于是

$$N\left(r,\frac{1}{f-1}\right)=S(r,f),$$

再由第二基本定理得

$$T(r,f)<\overline{N}\left(r,\frac{1}{f-1}\right)+\overline{N}\left(r,\frac{1}{f}\right)+S(r,f)=S(r,f).$$

矛盾！于是

$$g'=\frac{1}{2}g+2g^2. \tag{1.3.34}$$

假设 g 为非常数整函数，则由式（1.3.34）得

$$T(r,g)=m(r,g)=m\left(r,\frac{1}{2}\cdot\frac{g'}{g}-\frac{1}{4}\right)=S(r,g).$$

矛盾！因此，g 必为常数. 由式（1.3.34）可知

$$g\equiv 0 \quad 或 \quad g\equiv -\frac{1}{4}.$$

注意到$f\neq f$，故 $g\equiv -\frac{1}{4}$，再由式（1.3.22）即可得

$$(2f-f)^2=f.$$

令

$$h=2f'-f,$$

则

$$f=h^2,$$

且

$$f'=2hh'. \tag{1.3.35}$$

于是

$$h'=\frac{1}{4}+\frac{1}{4}h.$$

由此解得

$$h(z)=Ae^{\frac{1}{4}z}-1,$$

其中，$A(\neq 0)$为常数. 设

$$z^*=4\pi i-4\log A$$

则 $h(z^*)=-2$，再由式（1.3.35）可得 $h'(z^*)=-\frac{1}{4}$. 故

$$f(z^*)=h^2(z^*)=4.$$

且

$$f'(z^*)=2h(z^*)h'(z^*)=1.$$

这与 1 为f与f'的 IM 公共值矛盾.

综上所述，就证明了 $f\equiv f'$.

□

对亚纯函数的情况，Gundersen［34］和 Mues - Steinmetz［85］先后给出了下面的两个结论.

定理 1.3.5（［34, 85］）. 设f为非常数亚纯函数，a_1，a_2，a_3为三个判别的有穷复数. 若f和f'分担a_1，a_2，a_3IM，则$f\equiv f'$.

定理 1.3.6（［36, 86］）. 设f为非常数亚纯函数，a_1，a_2为两个判别的有穷复数. 若f和f'分担a_1，a_2CM，则$f\equiv f'$.

此后，Frank 和 Weissenborn［31］证明了若非常数亚纯函数f和$f^{(k)}$分担两个不同的有限值 CM，则$f\equiv f^{(k)}$；Frank - Schwick［30］证明了若非常数亚纯函数f'和$f^{(k)}$分担三个不同的有限值 IM，则$f\equiv f^{(k)}$. 2000 年，Li - Yang［64］进一步证明了以下结果.

定理 1.3.7（［64］）. 若非常数亚纯函数f和$f^{(k)}$分担两个不同的有限值 IM，则$f\equiv f^{(k)}$.

注. 定理 1.3.5 ~ 定理 1.3.7 的证明可以参阅对应的文献，从中学习体会"整函数"与"亚纯函数"，"一阶导数"与"高阶导数"在研究中的差异性.

Jank - Mues - Volkmann［50］在 1986 年从另一个角度出发，改进了上述几个定理，证明了下面的结果.

定理 1.3.8（［50］）. 设$f(z)$为非常数整函数，$a\neq 0$为有限常数. 若$f(z)$和$f'(z)$分担aIM，且当$f(z)=a$时，$f''(z)=a$，则$f(z)\equiv f'(z)$.

证明. 设z_0为$f-a$的零点，且在$z=z_0$的邻域内，

$$f(z) = a + a_1(z-z_0) + a_2(z-z_0)^2 + \cdots, \tag{1.3.36}$$

则

$$f'(z) = a_1 + 2a_2(z-z_0) + 3a_3(z-z_0)^2 + \cdots, \tag{1.3.37}$$

$$f''(z) = 2a_2 + 6a_3(z-z_0) + \cdots.$$

再由式（1.3.36）可得，

$$a = a_1 = 2a_2. \tag{1.3.38}$$

于是$f-a$，$f'-a$的零点都是简单零点. 由式(1.3.36) ~ 式(1.3.38)即可得到

$$f(z) - f'(z) = (3a_3 - a_2)(z-z_0)^2 + \cdots.$$

假设$f\neq f'$，则有

$$2N\left(r,\frac{1}{f-a}\right)\leqslant N\left(r,\frac{1}{f-f'}\right) \leqslant T(r,f-f) + O(1)$$

$$= m\left(r,f\left(1-\frac{f'}{f}\right)\right)+O(1) \leqslant m(r,f) + S(r,f). = T(r,f) + S(r,f) \tag{1.3.39}$$

注意到

$$\begin{aligned} & m\left(r,\frac{1}{f-a}\right)+m\left(r,\frac{1}{f'-a}\right) \\ \leqslant\ & m\left(r,\frac{1}{f'}\right)+m\left(r,\frac{1}{f'-a}\right)+S(r,f) \\ \leqslant\ & m\left(r,\frac{1}{f''}\right)+S(r,f). \end{aligned}$$

则有

$$T(r,f)+T(r,f')\leqslant N\left(r,\frac{1}{f-a}\right)+N\left(r,\frac{1}{f'-a}\right)+m\left(r,\frac{1}{f''}\right)+S(r,f)$$

$$=2N\left(r,\frac{1}{f-a}\right)+T(r,f'')-N\left(r,\frac{1}{f''}\right)+S(r,f)$$

$$\leqslant 2N\left(r,\frac{1}{f-a}\right)+T(r,f')-N\left(r,\frac{1}{f''}\right)+S(r,f).$$

于是

$$T(r,f)\leqslant 2N\left(r,\frac{1}{f-a}\right)-N\left(r,\frac{1}{f''}\right)+S(r,f). \tag{1.3.40}$$

由式（1.3.39）和式（1.3.40）得

$$N\left(r,\frac{1}{f''}\right)=S(r,f) \tag{1.3.41}$$

及

$$T(r,f)\leqslant 2N\left(r,\frac{1}{f-a}\right)+S(r,f). \tag{1.3.42}$$

若

$$\frac{f''}{f'}\equiv 1,$$

则$f'\equiv f''$. 积分得

$$f\equiv f'+C. \tag{1.3.43}$$

假设a为f与f'的Picard例外值，记$g=f-a$，则g为整函数且a为$g'-a=f'$的Picard例外值. 故由定理1.1.9可得

$$T(r,g)<\overline{N}(r,g)+N\left(r,\frac{1}{g}\right)+N\left(r,\frac{1}{g'-a}\right)=S(r,f).$$

矛盾！故a不为f与f'的Picard例外值，由式（1.3.43）可知$c=0$. 进而$f\equiv f'$，这与假设矛盾. 于是

$$\frac{f''}{f'}\not\equiv 1,$$

由于当$f(z)=a$时，$f''(z)=a$，故

$$N\left(r,\frac{1}{f-a}\right)\leqslant N\left(r,\frac{1}{\frac{f''}{f'}-1}\right)\leqslant T\left(r,\frac{f''}{f'}\right)+O(1)$$

$$=N\left(r,\frac{f''}{f'}\right)+S(r,f)=\overline{N}\left(r,\frac{1}{f'}\right)+S(r,f).$$

再由式（1.3.42）得

$$T(r,f)\leqslant 2\overline{N}\left(r,\frac{1}{f'}\right)+S(r,f). \tag{1.3.44}$$

设

$$\phi = \frac{f'}{f-a} - \frac{f''}{f'-a}, \ \psi = \frac{f''-f'}{f-a}, \tag{1.3.45}$$

显然 ϕ 和 ψ 均为整函数. 故

$$T(r,\phi) = m(r,\varphi) = S(r,f),$$
$$T(r,\psi) = m(r,\psi) = S(r,f).$$

设 z_0 为 $f-a$ 的零点. 由式（1.3.36）和式（1.3.45）可得

$$\phi(z_0) = \frac{1}{2}\left(1 - \frac{1}{a}f'''(z_0)\right),$$

$$\psi(z_0) = \frac{1}{a}f'''(z_0) - 1.$$

于是

$$2\phi(z_0) + \psi(z_0) = 0. \tag{1.3.46}$$

如果 $2\phi+\psi \neq 0$，由式（1.3.46）可得

$$\begin{aligned} N\left(r,\frac{1}{f-a}\right) &\leqslant N\left(r,\frac{1}{2\phi+\psi}\right) \\ &\leqslant T(r,\phi) + T(r,\psi) + O(1) \\ &= S(r,f), \end{aligned}$$

这与式（1.3.42）矛盾，故

$$2\phi + \phi \equiv 0. \tag{1.3.47}$$

设 z^* 为 f' 的零点，但不为 f'' 的零点. 则由式（1.3.45）和式（1.3.47）得到

$$0 = 2\phi(z^*) + \psi(z^*) = f''(z^*)\left(\frac{2}{a} + \frac{1}{f(z^*)-a}\right).$$

于是

$$f(z^*) = \frac{a}{2}. \tag{1.3.48}$$

由式（1.3.47）得

$$2\phi' + \psi' \equiv 0,$$

再由式（1.3.45）和式（1.3.48）得

$$0 = 2\phi'(z^*) + \psi'(z^*) = \frac{2}{a}f''(z^*)\left(\frac{f''(z^*)}{a} - 1\right).$$

于是

$$f''(z^*) = a,$$

再由式（1.3.45）得

$$\phi(z^*) = 1. \tag{1.3.49}$$

假设 $\phi \neq 1$，由式（1.3.49）得

$$\overline{N}\left(r,\frac{1}{f'}\right) - N\left(r,\frac{1}{f''}\right) \leqslant N\left(r,\frac{1}{\phi-1}\right) \leqslant T(r,\phi) + O(1) = S(r,f). \tag{1.3.50}$$

另一方面，由式（1.3.41）和式（1.3.44）得

$$T(r,f) \leqslant 2\,\overline{N}\left(r,\frac{1}{f}\right) - N\left(r,\frac{1}{f''}\right) + S(r,f).$$

再由式（1.3.50）即可得到矛盾式

$$T(r,f)=S(r,f).$$

故 $\phi\equiv 1$. 由式（1.3.47）可知 $\psi\equiv -2$. 由式（1.3.45）得

$$f''-f'+2(f-a)=0. \tag{1.3.51}$$

解微分方程（1.3.51）得

$$f(z)=c_1\mathrm{e}^{\lambda_1 z}+c_2\mathrm{e}^{\lambda_2 z}+a. \tag{1.3.52}$$

其中，λ_1，λ_2为方程 $\lambda^2-\lambda+2=0$ 的两个根，c_1，c_2为常数. 因此

$$f''(z)=c_1\lambda_1^2\mathrm{e}^{\lambda_1 z}+c_2\lambda_2^2\mathrm{e}^{\lambda_2 z}.$$

再由式（1.3.41）可知 c_1，c_3中至少有一个为0. 不失一般性，不妨设 $c_2=0$，则

$$f(z)=c_1\mathrm{e}^{\lambda_1 z}+a.$$

因此 a 为 f 的 Picard 例外值，这与式（1.3.42）矛盾. 于是$f\equiv f'$，这就完成了定理的证明.

□

不少专家学者对定理 1.3.8 进行了推广. 在此给出 Wang - Yi［102］在 2003 年证明的以下结果. 我们在此略去它的证明，但将在后面把它推广到差分领域.

定理 1.3.9（[102]）. 设$f(z)$为非常数整函数，$a\neq 0$ 为有限常数，n 和 m 为正整数，满足 $m>n$. 若 $f(z)$ 和 $f'(z)$ 分担 a CM，且当 $f(z)=a$ 时，$f^{(m)}(z)=f^{(n)}(z)=a$，则

$$f(z)=A\mathrm{e}^{\lambda z}+a-\frac{a}{\lambda},$$

其中，A（$\neq 0$）和 λ 满足 $\lambda^{n-1}=1$ 和 $\lambda^{m-1}=1$.

对 1 CM 值的情况，Brück［4］证明了以下结果：

定理 1.3.10（[4]）. 设$f(z)$为非常数整函数且满足超级$\rho_2(f)<\infty$，$\rho_2(f)\notin\mathbf{N}$. 若$f(z)$和$f'(z)$分担有限复数 0 CM，则 $f'=cf$，其中 c 为非零常数.

定理 1.3.11（[4]）. 设$f(z)$为非常数整函数且满足超级$\rho_2(f)<\infty$，$\rho_2(f)\notin\mathbf{N}$. 若$f(z)$和$f'(z)$分担有限复数 a CM 且 $N(r,\frac{1}{f'})=S(r,f)$，则

$$\frac{f'(z)-a}{f(z)-a}=c,$$

其中，c 为非零常数.

Brück［4］还给出了 $\rho_2(f)\in\mathbf{N}$ 时的反例，并由此提出了以下问题：在加强增长性限制的条件下，若f和f'分担一个有限复数 CM，则我们可以得到什么结论？也就是以下著名的 Brück 猜想.

猜想 1.3.1（Brück 猜想）. 设 $f(z)$ 为非常数整函数且满足超级 $\rho_2(f)<\infty$，$\rho_2(f)\notin\mathbf{N}$. 若$f(z)$和$f'(z)$分担有限复数 a CM，则

$$\frac{f'(z)-a}{f(z)-a}=c,$$

其中，c 为非零常数.

这个猜想提出至今已有 20 多年，但一直没有得到完全解决. 1998 年，Gundersen -

Yang [37] 通过建立微分方程，证明了在$f(z)$具有有限级的情况下，猜想成立. 2004 年，Chen - Shon [20] 进一步证明了在$\rho_2(f)<\frac{1}{2}$的条件下，猜想仍然成立. 其余的成果，如人们将常数a改为$f(z)$的小函数$a(z)$，或者将一阶导数f'改为高阶导数$f^{(k)}(k\geqslant 2)$以及考虑f为某类函数的幂时所得的成果，不在此赘述. 本书作者也曾进行过相关的研究，见 [11，65，72，73].

1.4 复域差分中的唯一性问题及主要研究背景

复域差分中的唯一性问题的研究，始于 Heittokangas 等人 [46] 将 Nevanlinna 五值定理和四值定理推广到差分中的工作. 事实上，在文献 [46] 中，他们研究了亚纯函数与其位移分担小函数的唯一性问题，得到了一些重要的结论. 此后，Heittokangas 等人在文献 [47] 中得到以下进一步的结果.

定理 1.4.1 ([47]). *设$f(z)$为有限级亚纯函数，$c\in\mathbb{C}$. 又设a_1，a_2，a_3为互异的周期为c的$f(z)$的小函数或∞. 若$f(z)$和$f(z+c)$分担a_1，a_2CM，a_3IM，则$f(z)=f(z+c)$，对所有的$z\in\mathbb{C}$成立.*

证明. (1) 假设a_1，a_2，$a_3\in\mathcal{S}(f)$，令

$$g(z)=\frac{f(z)-a_1(z)}{f(z)-a_2(z)}\cdot\frac{a_3(z)-a_2(z)}{a_3(z)-a_1(z)},$$

则

$$g(z+c)=\frac{f(z+c)-a_1(z)}{f(z+c)-a_2(z)}\cdot\frac{a_3(z)-a_2(z)}{a_3(z)-a_1(z)}.$$

下面只需证明$g(z)=g(z+c)$. 注意到$g(z)$和$g(z+c)$分担0，∞ CM，且g为有限级亚纯函数，故

$$\frac{g(z+c)}{g(z)}=\mathrm{e}^{Q(z)},$$

其中，Q为多项式. 不难发现$g(z)$,$g(z+c)$,$g(z+2c)$,$g(z+3c)$分担0，∞ CM 和 1 IM. 由文献 [51] 的定理4（或 [103]，定理5.3）可知，这四个函数中至少有两个相等. 仅需考虑$g(z)\equiv g(z+2c)$和$g(z)\equiv g(z+3c)$的情况.

情况1：$g(z)\equiv g(z+2c)$. 则

$$1=\frac{g(z+2c)}{g(z+c)}\cdot\frac{g(z+c)}{g(z)}=\mathrm{e}^{Q(z+c)}\cdot\mathrm{e}^{Q(z)}.$$

故存在$n\in\mathbb{Z}$，使得对任意$z\in\mathbb{C}$，都有

$$Q(z)+Q(z+c)=2n\pi\mathrm{i}.$$

记

$$Q(z)=C_kz^k+C_{k-1}z^{k-1}+\cdots+C_0,$$

可得

$$C_k[(z+c)^k+z^k]+C_{k-1}[(z+c)^{k-1}+z^{k-1}]+\cdots+2C_0=2n\pi\mathrm{i}.$$

由于$(z+c)^j+z^j$，$j=1$，…，k，线性无关，故$C_1=\cdots=C_k=0$，从而$Q(z)\equiv n\pi i$.

若n为偶数，则$e^{Q(z)}\equiv 1$，定理得证.

若n为奇数，则$e^{Q(z)}\equiv -1$，即$g(z)=-g(z+c)$．若存在点$z_0\in\mathbb{C}$使得$g(z_0)=1$，则$g(z_0+c)=1$．这与$g(z_0)=-g(z_0+c)$矛盾．这表明1是$g(z)$和$g(z+c)$的Picard例外值．因此，$g(z)$和$g(z+c)$分担0，1，∞ CM．由定理1.2.5可知

$$\sum_{k=1}^{3} m\left(r,\frac{1}{g-a_k}\right)\leqslant 2T(r,g)+N(r,\Delta_c g)-2N(r,g)-N\left(r,\frac{1}{\Delta_c g}\right)+S(r,g).$$

故

$$T(r,g)\leqslant \sum_{k=1}^{3} N\left(r,\frac{1}{g-a_k}\right)+2N(r+|c|,g)-2N(r,g)-N\left(r,\frac{1}{\Delta_c g}\right)+S(r,g). \tag{1.4.1}$$

由于$g(z)$和$g(z+c)$分担0，1，∞ CM，故

$$\sum_{k=1}^{3} N\left(r,\frac{1}{g-a_k}\right)\leqslant N\left(r,\frac{1}{\Delta_c g}\right). \tag{1.4.2}$$

特别地，由于g为有限级亚纯函数，应用定理1.2.1可得

$$N(r+|c|,g)=N(r,g)+S(r,g).$$

结合式(1.4.1)和式(1.4.2)，即可得到矛盾式

$$T(r,g)=S(r,g).$$

情况2：$g(z)=g(z+3c)$．则

$$1=\frac{g(z+3c)}{g(z+2c)}\cdot\frac{g(z+2c)}{g(z+c)}\cdot\frac{g(z+c)}{g(z)}=e^{Q(z+2c)}\cdot e^{Q(z+c)}\cdot e^{Q(z)}.$$

故存在$n\in\mathbb{Z}$，使得对任意$z\in\mathbb{C}$，都有

$$Q(z)+Q(z+c)+Q(z+2c)=2n\pi i.$$

因此，$Q(z)$必为常数，且满足

$$Q(z)\equiv\frac{2}{3}n\pi i.$$

此时存在三种子情况：$n\equiv 0\pmod 3$，$n\equiv 1\pmod 3$或$n\equiv 2\pmod 3$.

若$n\equiv 0\pmod 3$，则$e^{Q(z)}\equiv 1$，定理结论成立．若$n\equiv 1\pmod 3$或$n\equiv 2\pmod 3$，则1是$g(z)$和$g(z+c)$的Picard例外值．由前面的讨论可知这是不可能的．至此，我们完成这一部分的证明.

(2) 假设$a_1=\infty$，且a_2，$a_3\in\mathcal{S}(f)$．令

$$d\in\mathbb{C}\setminus\{a_2,a_3\},$$

并记

$$h(z)=\frac{1}{f(z)-d},\quad b_2(z)=\frac{1}{a_2(z)-d},\quad b_3(z)=\frac{1}{a_3(z)-d}.$$

则b_2，$b_3\in\mathcal{S}(h)$是两个周期为c的亚纯函数．特别地，函数$h(z)$和$h(z+c)$分担0，b_2 CM和b_3 IM．由子情况(1)可知$h(z)=h(z+c)$．故定理结论成立．其他情况类似可证.

综上所述，定理 1.4.1 得证.

□

Heittokangas 等人在文献[47]中还考虑了放宽定理 1.4.1 中的分担条件，并适当增加其他条件的情况，得到了一些很有意义的结果. 在此，给出 Heittokangas 等人的以下结果.

定理 1.4.2([47]). 设$f(z)$为超越亚纯函数且级$\rho(f)<2$，$\eta\in\mathbb{C}$. 若$f(z)$和$f(z+\eta)$分担有限复数 a 和∞ CM，则

$$\frac{f(z+\eta)-a}{f(z)-a}=c,$$

其中，c 为非零常数.

证明. 由于$f(z)$和$f(z+\eta)$分担有限复数 a 和∞ CM，故

$$\frac{f(z+c)-a}{f(z)-a}=\mathrm{e}^{Q(z)}.$$

其中，Q 为次数不超过 1 的多项式. 由定理 1.2.2 可知，对任意给定的 $\varepsilon>0$ 和 $\delta\in(0,1)$，有

$$T(r,\mathrm{e}^{Q(z)})=m(r,\mathrm{e}^{Q(z)})=o(r^{\rho(f)+\varepsilon-\delta}).$$

故 $Q(z)$必为常数.

□

Heittokangas[47]等人指出，在定理 1.4.2 中，条件$\rho(f)<2$ 不能放宽，

$$f(z)=\mathrm{e}^{z^2}+1,\ c\in\mathbb{C}\setminus\{0\}$$

与$f(z+c)$分担 1 CM，但是

$$\frac{f(z+c)-1}{f(z)-1}=\mathrm{e}^{2cz+c^2}.$$

由此引出了位移形式的 Brück 猜想：

猜想 1.4.1([47]). 设$f(z)$为超越亚纯函数且级$\rho(f)<2$，$\eta\in\mathbb{C}$. 若$f(z)$和$f(z+\eta)$分担有限复数 a 和∞ CM，则

$$\frac{f(z+\eta)-a}{f(z)-a}=c,$$

其中，c 为非零常数.

亚纯函数与其位移分担常数的唯一性问题，最早由 Li – Yang 在[63]提出并进行研究. 他们得到了以下结果.

定理 1.4.3([63]). 设$f(z)$为超越整函数且级$\rho(f)<1$，$\eta\in\mathbb{C}$，n 为正整数. 若$f(z)$和 $\Delta_\eta^n f(z)$分担有限复数 a CM，则

$$\frac{\Delta_\eta^n f(z)-a}{f(z)-a}=c,$$

其中，c 为非零常数.

同时，Li – Yang[63]指出对

$$f(z) = A(c+1)^z - \frac{1-c}{c},\ c \in \mathbb{C} \setminus \{0\},\ A \in \mathbb{C},$$

总有 $\Delta f - 1 = c(f-1)$. 为此，他们提出了以下差分形式的 Brück 猜想：

猜想 1.4.2([63]). 设 $f(z)$ 为非周期整函数且级 $\rho(f) \geqslant 1$, $\eta \in \mathbb{C}$, n 为正整数. 若 $f(z)$ 和 $\Delta_\eta^n f(z)$ 分担有限复数 a CM，则

$$\frac{\Delta_\eta^n f(z) - a}{f(z) - a} = c,$$

其中，c 为非零常数.

本小节只是介绍了促使人们进行差分中的唯一性研究的部分始创性成果. 其余的研究背景及主要进展将在后面几节中给出. 需要在此指出的是，目前这方面的研究主要是考虑将亚纯函数与其导数具有分担值的唯一性研究成果推广到差分领域，但需要引入一些新的研究思路和方法. 这也将在本书的后几节一一展现.

第2章 亚纯函数与其位移或差分分担小函数的唯一性

在本章中，我们首先研究与其位移或差分分担小函数的整函数的值分布性质. 其次，研究与其位移或差分分担两个有限值的亚纯函数的唯一性，将 Rubel－Yang[96] 的成果推广到差分领域. 接着研究与其位移或差分分担一个小函数的整函数的唯一性，部分地证明了的位移和差分形式的 Brück 猜想；最后，研究整函数与其两个位移或差分分担小函数的唯一性. 相关成果是 Jank－Mues－Volkmann[50] 的一个重要结果的差分模拟.

2.1 与其位移或差分分担小函数的整函数的性质

2.1.1 引言和主要结果

在 1.4 节中，我们介绍了一些关于其位移或差分分担小函数的亚纯函数唯一性方面的结果. 本小节考虑以下问题：

问题 2.1.1. *若亚纯函数 $f(z)$ 和它的差分 $\Delta_c^n f(z)$ 或位移 $f(z+c)$ 分担小函数，则 $f(z)$ 具有哪些值分布性质？*

Li－Gao[70] 证明了下面的结论(更精确的表述，可参阅[70]).

定理 2.1.1([70]). *设 $f(z)$ 为有限级的非周期超越整函数. 若 $f(z)$ 和 $\Delta_c^n f(z)$(或 $f(z+c)$)分担非零有限复数 a CM，则 $1\leq\rho(f)\leq\lambda(f-a)+1$，即 $f(z)$ 具有如下形式*

$$f(z)=P(z)\mathrm{e}^{Q(z)}+a,$$

其中，$P(z)$ 为整函数且满足 $\rho(P)=\lambda(f-a)$，$Q(z)$ 为多项式且满足 $\deg(Q)\leq\rho(P)+1$.

此后，Chen－Chen[7] 考虑了整函数 $f(z)$ 与其差分 $\Delta_c^n f(z)$ 或位移 $f(z+c)$ 在分担小函数 $a(z)$ 的条件下，它们必须满足的关系，得到了下面的结论.

定理 2.1.2([7]). *设 $f(z)$ 为有限级超越整函数，$a(z)$ 为整函数且为 $f(z)$ 的小函数，满足 $\rho(a)<\rho(f)$. 若 $f(z)$ 和 $\Delta_c^n f(z)$ 分担 a CM，则 $\rho(f)\geq1$. 此外，若 $\rho(\Delta_c^n a-a)<1$，则 $1\leq\rho(f)\leq\lambda(f-a)+1$.*

例 2.1.1. (1)设

$$f(z)=\mathrm{e}^{-z\ln2}+\frac{3}{2}z+\frac{3}{2},\quad a(z)=\frac{z}{2}+\frac{3}{2}.$$

可以看出$\rho(f)=1>0=\rho(a)$，并且$f(z)$和$\Delta f(z)$分担小函数a CM；

(2) 设

$$f(z)=2\mathrm{e}^{z}+(\mathrm{e}-2),\ a(z)\equiv \mathrm{e}-1.$$

可以看出$\rho(f)=1>0=\rho(a)$，并且$f(z)$和$\Delta f(z)$分担常数a CM；

(3) 设

$$f(z)=2\mathrm{e}^{z\ln 3}h(z)+\mathrm{e}^{\frac{\ln 2}{c}z},\ a(z)=\mathrm{e}^{\frac{\ln 2}{c}z}.$$

若$h(z)$为周期为c的整函数且满足$1<\rho(h)<\infty$，则我们看到$\rho(f)=\rho(h)>1=\rho(a)$，并且$f(z)$和$\Delta_c f(z)$分担小函数$a$ CM. 注意到，由Ozawa[90，定理1]知，对任意的$1\leqslant\sigma<\infty$，存在一个周期整函数$w(z)$满足$\rho(w)=\sigma$. 这就表明存在满足条件的$h(z)$.

定理2.1.3([7]). 设$f(z)$为有限级超越整函数且满足$\Delta_c f(z)\not\equiv 0$. 又设$a(z)$为整函数且满足$\rho(a)<\rho(f)$. 若$f(z)$和$f(z+c)$分担$a$ CM，则$\rho(f)\geqslant 1$. 此外，若$a(z)$为周期为c的函数，特别是常数，则只要$f(z_0)=a(z_0)$，则$f(z_0+kc)=a(z_0)$，对所有的$k\in\mathbb{Z}$成立.

例2.1.2. (1) 设

$$f(z)=\mathrm{e}^{z^2}\sin z+\cos z,\ a(z)=\cos z,\ c=2\pi.$$

可以看出$\rho(f)=2>1=\rho(a)$，$\Delta_c f(z)\not\equiv 0$，并且$f(z)$和$f(z+c)$分担小函数$a$ CM；

(2) 设

$$f(z)=3\mathrm{e}^{z}+2,\ a(z)\equiv 2.$$

可以看出$\rho(f)=1>0=\rho(a)$，$\Delta f(z)\not\equiv 0$，并且$f(z)$和$f(z+1)$分担常数a CM.

注. 定理2.1.2和定理2.1.3推广和改进了定理2.1.1，但证明方法与[70]有很大的不同并且更加简单. 我们将在后面给出具体的证明过程. 由这两个定理可知，在考虑其位移或差分分担小函数的亚纯函数$f(z)$的唯一性时，需要注意$f(z)$应满足的基本性质.

2.1.2 本节所需的引理

引理2.1.1([18]). 设$f(z)$为亚纯函数，其级$\rho(f)=\rho<+\infty$，则对任意给定的$\varepsilon>0$，存在线测度为有限的集合$E\subset(1,+\infty)$，使得对所有的z满足$|z|=r\notin[0,1]\cup E$，当r充分大时，有

$$\exp\{-r^{\rho+\varepsilon}\}\leqslant|f(z)|\leqslant\exp\{r^{\rho+\varepsilon}\}.$$

引理2.1.2([23]). 设$f(z)$为有限级亚纯函数且满足$\rho(f)=\rho<1$，则对任意给定的$\varepsilon>0$，及整数$0\leqslant j<k$，存在对数测度为有限的集合$E\subset(1,\infty)$，使得对所有的z满足$|z|=r\notin E\cup[0,1]$，有

$$\left|\frac{\Delta^k f(z)}{\Delta^j f(z)}\right|\leqslant|z|^{(k-j)(\rho-1)+\varepsilon}.$$

引理2.1.3. 设

$$P(z)=p_n z^n+p_{n-1}z^{n-1}+\cdots+p_0,\ Q(z)=q_n z^n+q_{n-1}z^{n-1}+\cdots+q_0,$$

其中，n为正整数，$p_n=\alpha\mathrm{e}^{\mathrm{i}\theta}$，$q_n=\beta\mathrm{e}^{\mathrm{i}\varphi}$，$\alpha\geqslant\beta>0$，$\theta$，$\varphi\in[-\pi,\pi)$. 若$p_n\neq q_n$，则

对任意给定的 $\varepsilon>0$，存在某个 $r_0>1$，使得对所有的 $z=re^{-i\frac{\theta}{n}}$ 满足 $r\geqslant r_0$，有

$$\mathrm{Re}\{P(re^{-i\frac{\theta}{n}})\}>\alpha(1-\varepsilon)r^n,$$

以及

$$\mathrm{Re}\{P(re^{-i\frac{\theta}{n}})-Q(re^{-i\frac{\theta}{n}})\}>[\alpha-\beta\cos(\theta-\varphi)](1-\varepsilon)r^n.$$

证明. 我们断言第一个式子成立. 由于

$$\mathrm{Re}\{p_n(re^{-i\frac{\theta}{n}})^n\}=\alpha r^n,$$

且对充分大的 r，有

$$|p_{n-1}z^{n-1}|+\cdots+|p_0|=o(r^n).$$

接下来我们证明第二个式子. 因为 $\alpha\geqslant\beta>0$ 和 $\cos(\theta-\varphi)=1$ 当且仅当 $\theta=\varphi$，故我们知道，若 $p_n\neq q_n$，则

$$\alpha-\beta\cos(\theta-\varphi)>0.$$

此外，我们有

$$\mathrm{Re}\{p_n(re^{-i\frac{\theta}{n}})^n-q_n(re^{-i\frac{\theta}{n}})^n\}=[\alpha-\beta\cos(\theta-\varphi)]r^n.$$

另一方面，对 $z=re^{i\psi}$，$|z|=r$，$\psi\in[-\pi,\pi)$，当 r 充分大时，有

$$|p_{n-1}z^{n-1}|+\cdots+|p_0|+|q_{n-1}z^{n-1}|+\cdots+|q_0|=o(r^n).$$

由此即可得到所要证明的结论.

下面的引理是由 Nevanlinna 在文献[88]中给出的，可参考[103，定理 1.50].

引理 2.1.4([88，103]). 设 $f_j(z)(j=1,2,\cdots,n,n\geqslant2)$ 为亚纯函数，且满足下列条件

(i) $\sum_{j=1}^{n}C_jf_j(z)\equiv0$，其中，$C_j(j=1,2,\cdots,n)$ 均为常数；

(ii) $f_j(z)\not\equiv0(j=1,2,\cdots,n)$，并且当 $1\leqslant j<k\leqslant n$ 时，$\frac{f_j}{f_k}$ 不为常数；

(iii) $\sum_{j=1}^{n}\left(N(r,f_j)+N\left(r,\frac{1}{f_j}\right)\right)=o(\tau(r)),(r\to\infty,r\notin E)$，其中 E 为线测度有限的集合，$\tau(r)=\min\limits_{1\leqslant j<k\leqslant n}\left\{T\left(r,\frac{f_j}{f_k}\right)\right\}$，

则 $C_j=0(j=1,2,\cdots,n)$.

引理 2.1.5([2]). 设 g 为级小于 1 的超越亚纯函数且 $h>0$，则存在一个 ε－集 E，使得

$$\frac{g'(z+c)}{g(z+c)}\to0,\ \frac{g(z+c)}{g(z)}\to1,\ z\in\mathbb{C}\setminus E,\ z\to\infty,$$

对所有满足 $|c|\leqslant h$ 的 c 一致成立. 进而，可以取到 E，使得对不属于 E 的充分大的 z，满足 g 在 $|\zeta-z|\leqslant h$ 中没有零点或极点.

2.1.3　本节定理的证明

定理 2.1.2 的证明. 不失一般性，不妨设 $c=1$. 令 $g(z)=f(z)-a(z)$，则有

$\rho(g)=\rho(f)=\rho$ 及

$$\Delta^n f(z) = \Delta^n g(z) + \Delta^n a(z) = \sum_{j=0}^{n}(-1)^{n-j}C_n^j g(z+j) + \Delta^n a(z),$$

其中，$C_n^0=C_n^n=1$，$C_n^1=C_n^{n-1}=n$，$C_n^2=C_n^{n-2}=n(n-1)/2$，…，为非零整数.

根据假设，我们得到

$$\begin{aligned}\frac{\Delta^n f(z)-a(z)}{f(z)-a(z)} &= \frac{\Delta^n g(z)+\Delta^n a(z)-a(z)}{g(z)} \\ &= \frac{\sum_{j=0}^{n}(-1)^{n-j}C_n^j g(z+j)+b(z)}{g(z)} = e^{P(z)},\end{aligned} \tag{2.1.1}$$

其中，$b(z)=\Delta^n a(z)-a(z)$为整函数且为$f(z)$的小函数，满足$\sigma=\rho(b)\leqslant\rho(a)<\rho$，$P(z)$为整函数且满足

$$\rho(e^P)\leqslant\rho(f)=\rho<\infty.$$

从而，容易看出$P(z)$为多项式且满足$0\leqslant d=\deg(P)\leqslant\rho$. 现令

$$P(z)=p_d z^d+p_{d-1}z^{d-1}+\cdots+p_0,$$

其中，$p_d\neq0$，p_{d-1}，…，p_0为常数，$p_d=\alpha_d e^{i\theta_d}$，$\alpha_d>0$，$\theta_d\in[-\pi,\pi)$.

接下来，我们分两步证明定理. 首先，我们证明$\rho\geqslant1$. 否则，$\rho<1$，因此，$P(z)\equiv C\in\mathbb{C}$. 由引理2.1.1知，对任意给定的$\varepsilon_1\left(0<\varepsilon_1<\min\left\{\frac{\rho-\sigma}{3},\frac{1-\rho}{2}\right\}\right)$，存在线测度有限的集合$E_1\subset[0,+\infty)$，使得对所有的$z$满足$|z|=r\notin[0,1]\cup E_1$，当$r$充分大时，有

$$\exp\{-r^{\sigma+\varepsilon_1}\}\leqslant|b(z)|\leqslant\exp\{r^{\sigma+\varepsilon_1}\}. \tag{2.1.2}$$

再由引理2.1.2知，对上述给定的ε_1，存在对数测度有限的集合$E_2\subset(1,\infty)$，使得对所有的z满足$|z|=r\notin[0,1]\cup E_2$，有

$$\left|\frac{\Delta^n g(z)}{g(z)}\right|\leqslant|z|^{n(\rho-1)+\varepsilon_1}. \tag{2.1.3}$$

现选取一个无穷点列$\{z_k=r_k e^{i\theta_k}\}$满足

$$|g(z_k)|=M(r_k,g)\geqslant\exp\{r_k^{\rho-\varepsilon_1}\},\ r_k\notin E_1\cup E_2. \tag{2.1.4}$$

于是，结合式(2.1.1)～式(2.1.4)，得到如下矛盾

$$|e^C|\leqslant\left|\frac{\Delta^n g(z_k)}{g(z_k)}\right|+\frac{|b(z_k)|}{M(r_k,g)}\leqslant r_k^{n(\rho-1)+\varepsilon_1}+o(1)=o(1).$$

其次，我们证明若$\rho(\Delta^n a-a)<1$，则$\rho\leqslant\lambda(f-a)+1$. 否则，有$\rho>\lambda(f-a)+1$，即$\rho(g)>\lambda(g)+1$. 由Hadamard分解定理(定理1.1.9，后文不再特别指出)，得到

$$g(z)=h(z)e^{Q(z)},$$

其中，$Q(z)$为多项式且满足

$$Q(z)=-(q_l z^l+q_{l-1}z^{l-1}+\cdots+q_0),$$

其中，$q_l\neq0$，q_{l-1}，…，q_0为常数，$q_l=\beta_l e^{i\varphi_l}$，$\beta_l>0$，$\varphi_l\in[-\pi,\pi)$，$h(z)$为整函数且满足$\rho(h)=\lambda(g)<\rho-1=l-1$.

将式(2.1.1)写成如下形式

$$\frac{b(z)}{h(z)e^{Q(z)}}=e^{P(z)}-\frac{\sum_{j=0}^{n}(-1)^{n-j}C_n^j h(z+j)e^{Q(z+j)}}{h(z)e^{Q(z)}}.$$

注意到，$\deg(Q(z+j)-Q(z))=l-1$ 对每个 $j\in\{0,\cdots,n\}$ 成立，且 $\rho\left(\frac{b(z)}{h(z)e^{Q(z)}}\right)=l$. 观察上式，我们容易得到 $l\leqslant d$. 因此，$d=l$.

我们断言 $p_d=q_d$. 否则，$p_d\neq q_d$. 现假设 $\alpha_d\geqslant\beta_d>0$. 下面令

$$Q_j^*(z)=Q(z+j)+q_dz^d,\ P^*(z)=P(z)-p_dz^d.$$

则由式(2.1.1)，得到

$$e^{P(z)}-\frac{b(z)e^{-Q(z)}}{h(z)}=\frac{\sum_{j=0}^{n}(-1)^{n-j}C_n^j h(z+j)e^{Q_j^*(z)}}{h(z)e^{Q_0^*(z)}}.\tag{2.1.5}$$

令 $b_1(z)=b(z)$，$b_2(z)=h(z)$，$\sigma_j=\rho(b_j)(j=1,2)$. 再由引理 2.1.1 知，对任意给定的 $\varepsilon_2\left(0<\varepsilon_2<\min\left\{\frac{\rho-\sigma_1}{2},\ \frac{\rho-\sigma_2}{2},\ \frac{1}{2}\right\}\right)$，存在线测度为有限的集合 $E_3\subset[0,+\infty)$，使得对所有的 z 满足 $|z|=r\notin[0,1]\cup E_3$，当 r 充分大时，有

$$\exp\{-r^{\sigma_j+\varepsilon_2}\}\leqslant|b_j(z)|\leqslant\exp\{r^{\sigma_j+\varepsilon_2}\}.\tag{2.1.6}$$

利用引理 2.1.3，我们得到，对充分大的 r，有

$$\left|\frac{e^{-Q\left(re^{-i\frac{\theta_d}{d}}\right)}}{e^{P\left(re^{-i\frac{\theta_d}{d}}\right)}}\right|=\exp\left\{-\mathrm{Re}\left\{P\left(re^{-i\frac{\theta_d}{d}}\right)-\left[-Q\left(re^{-i\frac{\theta_d}{d}}\right)\right]\right\}\right\}\tag{2.1.7}$$

$$<\exp\{-[\alpha_d-\beta_d\cos(\theta_d-\varphi_d)](1-\varepsilon_2)r^d\}.$$

由式(2.1.6)和式(2.1.7)，容易得到，当 $r\notin[0,1]\cup E_3$ 且 r 充分大时，有

$$\left|\frac{b\left(re^{-i\frac{\theta_d}{d}}\right)e^{-Q\left(re^{-i\frac{\theta_d}{d}}\right)}}{h\left(re^{-i\frac{\theta_d}{d}}\right)e^{P\left(re^{-i\frac{\theta_d}{d}}\right)}}\right|\tag{2.1.8}$$

$$<\exp\{-[\alpha_d-\beta_d\cos(\theta_d-\varphi_d)](1-\varepsilon_2)r^d+r^{\sigma_1+\varepsilon_2}+r^{\sigma_2+\varepsilon_2}\}$$

$$<\exp\{-[\alpha_d-\beta_d\cos(\theta_d-\varphi_d)](1-\varepsilon_2)r^d+2r^{d-\varepsilon_2}\}.$$

由于 $p_d\neq q_d$ 和 $\alpha_d\geqslant\beta_d>0$，故 $\alpha_d-\beta_d\cos(\theta_d-\varphi_d)>0$. 再由式(2.1.8)知，当 $r\notin[0,1]\cup E_3$ 且 $r\to\infty$，有

$$\left|\frac{b\left(re^{-i\frac{\theta_d}{d}}\right)e^{-Q\left(re^{-i\frac{\theta_d}{d}}\right)}}{h\left(re^{-i\frac{\theta_d}{d}}\right)}\right|=o\left(\left|e^{P\left(re^{-i\frac{\theta_d}{d}}\right)}\right|\right).\tag{2.1.9}$$

再由引理 2.1.3，结合式(2.1.5)和式(2.1.9)，我们得到，当 $r\notin[0,1]\cup E_3$ 且 $r\to\infty$，有

$$\frac{1}{2}\exp\{(1-\varepsilon_2)\alpha_d r^d\}$$

$$\leqslant \frac{1}{2}\left|e^{P\left(re^{-i\frac{\theta_d}{d}}\right)}\right| < \left|e^{P\left(re^{-i\frac{\theta_d}{d}}\right)}\right| - \left|\frac{b\left(re^{-i\frac{\theta_d}{d}}\right)e^{-Q\left(re^{-i\frac{\theta_d}{d}}\right)}}{h\left(re^{-i\frac{\theta_d}{d}}\right)}\right|$$

$$\leqslant \left|\frac{\sum_{j=0}^{n}(-1)^{n-j}C_n^j h\left(re^{-i\frac{\theta_d}{d}}+j\right)e^{Q_j^*\left(re^{-i\frac{\theta_d}{d}}\right)}}{h\left(re^{-i\frac{\theta_d}{d}}\right)e^{Q_0^*\left(re^{-i\frac{\theta_d}{d}}\right)}}\right| < \exp\{r^{d-\frac{1}{2}}\},$$

这是不可能的.

因此，$p_d=q_d$. 由式(2.1.1)，得到

$$\frac{\sum_{j=0}^{n}(-1)^{n-j}C_n^j h(z+j)e^{Q_j^*(z)}}{h(z)e^{Q_0^*(z)}} = e^{p_d z^d}\left(e^{P^*(z)} - \frac{b(z)}{h(z)e^{Q_0^*(z)}}\right).$$

这表明

$$e^{P^*(z)} - \frac{b(z)}{h(z)e^{Q_0^*(z)}} \equiv 0. \tag{2.1.10}$$

从而，我们得到

$$\sum_{j=0}^{n}(-1)^{n-j}C_n^j h(z+j)e^{Q_j^*(z)} = 0,$$

即

$$\sum_{j=0}^{n}(-1)^{n-j}C_n^j g(z+j) = 0. \tag{2.1.11}$$

再由式(2.1.10)及条件$\rho(b)=\rho(\Delta^n a-a)<1$，得到$\rho(h)=\lambda(h)\leqslant\lambda(b)\leqslant\rho(b)<1$. 由于$d=l=\rho(g)>\lambda(g)+1$，故$d\geqslant 2$. 因此，对$0\leqslant j<k\leqslant n$，有$\deg(Q_j^*(z)-Q_k^*(z)\geqslant 1$.

最后，对式(2.1.11)应用引理2.1.4，我们有

$$(-1)^{n-j}C_n^j=0,\ j=0,\ 1,\ \cdots,\ n,$$

这就得到了矛盾. 从而，我们证明了$1\leqslant\rho(f)\leqslant\lambda(f-a)+1$. 定理2.1.2得证.

□

定理2.1.3的证明. 令$g(z)=f(z)-a(z)$. 此时，有$\rho(g)=\rho(f)=\rho$. 根据假设，得到

$$\frac{f(z+c)-a(z)}{f(z)-a(z)} = \frac{g(z+c)+b(z)}{g(z)} = e^{P(z)}, \tag{2.1.12}$$

其中，$P(z)$为多项式且满足$d=\deg(P)\leqslant\rho$，$b(z)=a(z+c)-a(z)$为整函数且满足$\sigma=\rho(b)\leqslant\rho(a)<\rho$.

现在我们证明$\rho\geqslant 1$. 否则，$\rho<1$. 因此，$P(z)\equiv C\in\mathbb{C}$. 由引理2.1.1知，对任意给定的$\varepsilon\left(0<\varepsilon<\frac{\rho-\sigma}{3}\right)$，存在线测度为有限的集合$E_1\subset[0,\ +\infty)$，使得对所有的

z满足$|z|=r\notin[0,1]\cup E_1$，当r充分大时，有

$$\exp\{-r^{\sigma+\varepsilon}\}\leqslant|b(z)|\leqslant\exp\{r^{\sigma+\varepsilon}\}. \tag{2.1.13}$$

由引理2.1.5，存在一个ε-集F满足

$$\frac{g(z+c)}{g(z)}\to 1,\ z\in\mathbb{C}\setminus F, z\to\infty. \tag{2.1.14}$$

记$E_2=\{|z|: z\in F,\ |z|>1\}$，则$E_2$具有有限对数测度.

选取一个无限点列$\{z_k=r_k\mathrm{e}^{\mathrm{i}\theta_k}\}$满足

$$|g(z_k)|=M(r_k,g)\geqslant\exp\{r_k^{\rho-\varepsilon}\},\ r_k\notin E_1\cup E_2. \tag{2.1.15}$$

由式(2.1.13)~式(2.1.15)，我们得到

$$\frac{g(z_k+c)}{g(z_k)}+\frac{b(z_k)}{g(z_k)}\to 1\,(r_k\notin E_1\cup E_2,\ r_k\to\infty).$$

结合上式和式(2.1.12)，即得$\mathrm{e}^C\equiv 1$. 这表明$f(z+c)=f(z)$对任意$z\in\mathbb{C}$成立，与定理条件$\Delta_c f(z)\not\equiv 0$矛盾. 因此，我们证明了$\rho(f)\geqslant 1$.

最后，假设$a(z)$为周期为c的整函数，特别地，$a(z)$为常数. 若存在$z_0\in\mathbb{C}$使得$f(z_0)=a(z_0)$，则有$f(z_0+c)=a(z_0)$. 这表明$f(z_0+kc)=a(z_0)$对任意的$k\in\mathbb{Z}$成立，从而定理2.1.3得证.

2.2　与其位移或差分分担两个有限值的亚纯函数的唯一性

2.2.1　引言和主要结果

本节主要介绍关于与其位移或差分分担两个有限值的亚纯函数的唯一性的研究成果. 这方面的成果既是定理1.4.1的自然延续，也是定理1.3.3~定理1.3.7中相同的分担情况的差分模拟. 首先回顾Li-Gao[71]和Chen-Yi[21]的结果.

定理2.2.1([71]). 设$f(z)$有限级非常数整函数，$\eta\in\mathbb{C}$且n为正整数. 若$f(z)$和$\Delta_\eta^n f(z)$分担两个不同的有限常数a，b CM，且下面的情况之一成立：

(i) $ab=0$;

(ii) $ab\neq 0$且$\rho(f)\notin\mathbb{N}$.

则$f(z)\equiv\Delta_\eta^n f(z)$.

定理2.2.2([21]). 设$f(z)$有限级非常数亚纯函数满足$\rho(f)\notin\mathbb{N}$，$\eta\in\mathbb{C}$. 若$f(z)\not\equiv f(z+\eta)$且$f(z)$和$\Delta_c f(z)$分担三个不同值a，b，∞ CM，则$f(z+\eta)\equiv 2f(z)$.

2013年，Li-Chen[67]进一步推广了定理2.2.1，得到以下结果.

定理2.2.3([67]). 设$f(z)$为超级$\rho_2(f)<1$的非常数亚纯函数，$L(z,f)$为关于$f(z)$和它的位移的多项式，a，$b\in S(f)$为两个不同的亚纯函数. 若$f(z)$和$L(z,f)$分担a，b，∞ CM且以下情况之一成立：

(i) $L(z,a)-a=L(z,b)-b\equiv 0$;

(ii) $L(z,a)-a\equiv 0$或$L(z,b)-b\equiv 0$之一成立，且存在$\lambda\in(0,1)$使得$N(r,f)<\lambda T(r,f)$;

(iii) $\rho(f)\notin\mathbb{N}\cup\{\infty\}$.

则 $f(z)\equiv L(z,f)$.

例 2.2.1. (1) 对情况(i)和(ii)：设 $f(z)=e^{z\log 3}$ 以及 $L(z,f)=\Delta f(z)-f(z)=f(z+1)-2f(z)$. 则 $L(z,f)=f(z)$，因此对 $a=0$ 和任意非零函数 $b\in S(f)$，$f(z)$ 和 $L(z,f)$ 分担 a，b，∞ CM，且 $L(z,a)-a\equiv 0$，$N(r,f)=S(r,f)$.

(2) 对情况(iii)：设 $f(z)=g(z)e^{z\log 3}$ 和 $L(z,f)=\Delta f(z)-f(z)=f(z+1)-2f(z)$，其中 $g(z)$ 是一个周期为 1 的整函数，满足 $\rho(g)\in(1,\infty)\setminus\mathbb{N}$. 则 $L(z,f)=f(z)$，因此对任意两个不同的亚纯函数 a，$b\in S(f)$，$f(z)$ 和 $L(z,f)$ 分担 a，b，∞ CM 且 $\rho(f)=\rho(g)\notin\mathbb{N}\cup\{\infty\}$.

2014 年，Zhang - Liao[109]证明了：

定理 2.2.4([109]). 设 $f(z)$ 有限级非常数整函数. 若 $f(z)$ 和 $\Delta f(z)$ 分担两个不同的有限值 a，b CM，则 $f(z)\equiv\Delta f(z)$，且 $f(z)=2^z h(z)$，其中，$h(z)$ 是周期为 1 的整函数.

2016 年，Cui - Chen[26]证明了：

定理 2.2.5([26]). 设 $f(z)$ 有限级非常数整函数，η 为非零常数. 再设 a，b 为不同的有限常数，n 为正整数. 若 $f(z)$ 和 $\Delta_\eta^n f(z)$ 分担 a，b，∞ CM，则 $f(z)\equiv\Delta_\eta^n f(z)$.

注. 定理 2.2.4 推广了定理 2.2.1 在 $n=1$ 时的结果，也在整函数的条件下，推广了定理 2.2.2. 定理 2.2.5 直接去掉了定理 2.2.2 中的条件 $\rho(f)\notin\mathbb{N}$. 定理 2.2.2，定理 2.2.4 和定理 2.2.5 的证明，请读者查阅相应的文献.

2017 年，Li - Mei - Chen[74]从另一个角度出发，推广了定理 2.2.1，得到以下的定理 2.2.6 和定理 2.2.7.

定理 2.2.6([74]). 设 $f(z)$ 有限级非常数整函数，$\eta\in\mathbb{C}\setminus\{0\}$ 且 n 为正整数. 若 $f(z)$ 和 $\Delta_\eta^n f(z)$ 分担 0CM 和 $a(\neq 0)$IM，则 $f(z)\equiv\Delta_\eta^n f(z)$.

注. 定理 2.2.6 的证明借鉴了[64]的方法. 我们猜想，在定理 2.2.6 中，0 CM 可以换成任意常数 $a^*(\neq a)$CM. 事实上，定理 2.2.7 在一定的附加条件下，证明了该猜想成立.

定理 2.2.7([74]). 设 $f(z)$ 有限级非常数整函数，$\eta\in\mathbb{C}\setminus\{0\}$ 且 n 为正整数. 若 $f(z)$ 和 $\Delta_\eta^n f(z)$ 分担两个不同的常数 a^* CM 和 $a(\neq 0)$IM，且

$$N\left(r,\frac{1}{f(z)-a^*}\right)=T(r,f)+S(r,f), \tag{2.2.1}$$

则 $f(z)\equiv\Delta_c^n f(z)$.

注. 定理 2.2.7 的证明与定理 2.2.6 的证明类似，在此仅作简单说明. 事实上，只需在定理 2.2.6 的证明中，重新定义函数

$$\gamma(z)=\frac{f'(z)(\Delta_c^n f(z)-f(z))}{(f(z)-a)(f(z)-a^*)},\ \eta(z)=\frac{(\Delta_c^n f(z))'(\Delta_c^n f(z)-f(z))}{(\Delta_c^n f(z)-a)(\Delta_c^n f(z)-a^*)}.$$

并主意到由(2.2.1)可知，等式 $m\left(r,\dfrac{1}{f(z)-a^*}\right)=S(r,f)$ 依然成立. 这就确保即使 $f(z)$ 和 $\Delta_c^n f(z)$ 分担 a^* CM 而不是分担 0 CM，$T(r,\Delta_c^n f(z))=T(r,f)+S(r,f)$ 依然

成立. 由此即可完成定理 2.2.7 的证明.

最近, Chen - Li[15]在附加一定的亏量条件下, 研究了其位移或差分分担两个有限值"CM"的整函数的唯一性. 这里我们称 f 和 g 分担常数 a"CM"是指

$$\overline{N}\left(r,\frac{1}{f-a}\right)-N_E(r,a)=S(r,f),\text{ 且 }\overline{N}\left(r,\frac{1}{g-a}\right)-N_E(r,a)=S(r,g),$$

其中, $N_E(r, a)$是$f(z)-a$ 和 $g(z)-a$ 的重数相同的公共零点的精简计数函数. 类似地, $N_E^{1)}(r, a)$表示$f(z)-a$ 和 $g(z)-a$ 的公共简单零点的精简计算函数. 事实上, 我们证明了以下结果.

定理 2.2.8([15]). 设$f(z)$为有限级非常数整函数, a_1, a_2为两个不同的有限复数. 若$f(z)$和 $\Delta_\eta^n f(z)$分担 a_1和 a_2"CM", 则$f(z)\equiv\Delta_\eta^n f(z)$.

定理 2.2.9([15]). 设$f(z)$有限级非常数整函数, a_1, a_2为两个不同的有限复数. 若$f(z)$和 $\Delta_\eta^n f(z)$分担 a_1和 a_2IM, 且

$$\overline{N}\left(r,\frac{1}{f-a_1}\right)=S(r,f) \tag{2.2.2}$$

则$f(z)\equiv\Delta_\eta^n f(z)$.

定理 2.2.10([15]). 设$f(z)$为超越整函数, 满足$\sigma_2(f)<1$, a_1, a_2为不同的常数, n 为正整数. 若$f(z)$和 $\Delta_\eta^n f(z)$分担 a_1和 a_2IM, 且存在实数 $\lambda>\dfrac{1}{2}$, 使得 $\delta(a_1, f)+\delta(a_2, f)\geqslant\lambda$, 则$f(z)\equiv\Delta_\eta^n f(z)$.

2.2.2 本节所需的引理

引理 2.2.1([103]). 设$f(z)$为非常数亚纯函数,

$$P(f)=a_0f^p+a_1f^{p-1}+\cdots+a_p(a_0\neq0)$$

为关于 f 的 p 次多项式, 且系数 $a_j(j=0, 1, \cdots, p)$为常数, $b_j(j=1, 2, \cdots, q)$ $(q>p)$为不同常数. 则

$$m\left(r,\frac{P(f)f'}{(f-b_1)(f-b_2)\cdots(f-b_q)}\right)=S(r,f).$$

引理 2.2.2([104]). 若$f_1(z)$和$f_2(z)$在 $|z|<R(R\leqslant\infty)$上亚纯, 则

$$N(r,f_1f_2)-N\left(r,\frac{1}{f_1f_2}\right)=N(r,f_1)+N(r,f_2)-N\left(r,\frac{1}{f_1}\right)-N\left(r,\frac{1}{f_2}\right),$$

其中, $0<r<R$.

引理 2.2.3([103]). 设$f(z)$为非常数亚纯函数, a 为任意常数, k 为正整数. 则

(i) $\overline{N}\left(r, \dfrac{1}{f-a}\right)\leqslant\dfrac{k}{k+1}\overline{N}_{k)}\left(r, \dfrac{1}{f-a}\right)+\dfrac{1}{k+1}N\left(r, \dfrac{1}{f-a}\right)$;

(ii) $\overline{N}\left(r, \dfrac{1}{f-a}\right)\leqslant\dfrac{k}{k+1}\overline{N}_{k)}\left(r, \dfrac{1}{f-a}\right)+\dfrac{1}{k+1}T(r, f)+O(1)$.

引理 2.2.4. 设$f(z)$为超越整函数, 满足$\sigma_2(f)<1$, a_1, a_2为不同的常数, n 为正整数. 再设$f(z)$和 $\Delta_\eta^n f(z)$分担 a_1和 a_2"CM". 若$f(z)\not\equiv\Delta_\eta^n f(z)$, 则

$$\overline{N}\left(r,\frac{1}{f-a_1}\right)+\overline{N}\left(r,\frac{1}{f-a_2}\right)=T(r,f)+S(r,f), \tag{2.2.3}$$

$$\overline{N}\left(r,\frac{1}{\Delta_\eta^n f-a_1}\right)+\overline{N}\left(r,\frac{1}{\Delta_\eta^n f-a_2}\right)=T(r,f)+S(r,f) \tag{2.2.4}$$

进一步，若$f(z)\not\equiv\Delta_\eta^n f(z)$且式(2.2.2)成立，则

(i) $T(r,\ \Delta_\eta^n f)=T(r,\ f)+S(r,\ f)$；

(ii) $\forall b\in\mathbb{C}\setminus\{a_1,\ a_2\}$，

$$\overline{N}\left(r,\ \frac{1}{f-b}\right)=T(r,\ f)+S(r,\ f),\ \overline{N}\left(r,\ \frac{1}{\Delta_\eta^n f-b}\right)=T(r,\ f)+S(r,\ f);$$

(iii) $\overline{N}\left(r,\ \frac{1}{f'}\right)=S(r,\ f)$，$\overline{N}\left(r,\ \frac{1}{(\Delta_\eta^n f)'}\right)=S(r,\ f)$；

(iv) $\overline{N}^*(r,\ a_1)+\overline{N}^*(r,\ a_2)=S(r,\ f)$，

其中，$\overline{N}^*(r,\ a_i)$是$f-a_i$和$\Delta_\eta^n f-a_i(i=1,\ 2)$的公共重零点的精简计数函数.

证明. 首先，记$\Delta_\eta^n f(z)=F(z)$并假设$f(z)\not\equiv F(z)$. 由于$f(z)$和$F(z)$分担a_1和a_2"CM"，由第二基本定理和定理1.2.4，不难得到

$$\begin{aligned}T(r,f)&\leqslant\overline{N}\left(r,\frac{1}{f-a_1}\right)+\overline{N}\left(r,\frac{1}{f-a_2}\right)+S(r,f)\\&=\overline{N}\left(r,\frac{1}{F-a_1}\right)+\overline{N}\left(r,\frac{1}{F-a_2}\right)+S(r,f)\\&\leqslant\overline{N}\left(r,\frac{1}{f-F}\right)+S(r,f)\leqslant T(r,f-F)+S(r,f)\\&=m(r,f-F)+S(r,f)\leqslant m\left(r,\frac{F}{f}\right)+m(r,f)+S(r,f)\\&\leqslant T(r,f)+S(r,f).\end{aligned}$$

这就证明了第一个结论.

接下来，假设$f(z)\not\equiv F(z)$且式(2.2.2)成立.

第一步. 注意到$f(z)$和$F(z)$分担a_1和a_2"CM"且式(2.2.2)成立，故

$$\overline{N}\left(r,\frac{1}{F-a_1}\right)=S(r,f). \tag{2.2.5}$$

应用第二基本定理，可得

$$\begin{aligned}T(r,F)&\leqslant\overline{N}\left(r,\frac{1}{F-a_1}\right)+\overline{N}\left(r,\frac{1}{F-a_2}\right)+S(r,F)\\&\leqslant\overline{N}\left(r,\frac{1}{F-a_2}\right)+S(r,f)\leqslant T(r,F)+S(r,f).\end{aligned}$$

由上式及式(2.2.3)，即可证明结论(i)：

$$T(r,\ F)=T(r,\ f)+S(r,\ f).$$

第二步. 对所有$b\in\mathbb{C}\setminus\{a_1,\ a_2\}$，由式(2.2.3)，第二基本定理以及结论(i)，可得

$$
\begin{aligned}
&2T(r,f)+S(r,f)=2T(r,F)\\
&\leqslant \overline{N}\left(r,\frac{1}{F-a_1}\right)+\overline{N}\left(r,\frac{1}{F-a_2}\right)+\overline{N}\left(r,\frac{1}{F-b}\right)+S(r,F)\\
&\leqslant T(r,f)+\overline{N}\left(r,\frac{1}{F-b}\right)+S(r,f)\\
&\leqslant T(r,f)+T(r,F)+S(r,f)=2T(r,f)+S(r,f),
\end{aligned}
$$

也就是

$$\overline{N}\left(r,\frac{1}{F-b}\right)=T(r,f)+S(r,f).$$

类似地，有

$$\overline{N}\left(r,\frac{1}{f-b}\right)=T(r,f)+S(r,f).$$

第三步. 记

$$h(z)=\frac{F'}{F-a_1}. \tag{2.2.6}$$

则由式(2.2.5)和对数导数引理，可得

$$
\begin{aligned}
T(r,h)&=m(r,h)+N(r,h)\\
&=m\left(r,\frac{F'}{F-a_1}\right)+\overline{N}\left(r,\frac{1}{F-a_1}\right)=S(r,f).
\end{aligned} \tag{2.2.7}
$$

由于 $F(z)$ 不是常数，故 $h(z)\not\equiv 0$. 因此，由式(2.2.6)和式(2.2.7)，可知

$$
\begin{aligned}
\overline{N}\left(r,\frac{1}{F'}\right)&\leqslant \overline{N}\left(r,\frac{1}{F-a_1}\right)+\overline{N}\left(r,\frac{1}{h}\right)\\
&\leqslant \overline{N}\left(r,\frac{1}{F-a_1}\right)+T(r,h)=S(r,f).
\end{aligned}
$$

类似地，有

$$\overline{N}\left(r,\ \frac{1}{f'}\right)=S(r,\ f).$$

第四步. 考虑下面的函数

$$g(z)=\frac{f'(f-F)}{(f-a_1)(f-a_2)}. \tag{2.2.8}$$

由 $f(z)$ 和 $F(z)$ 分担 a_1 和 a_2 "IM"，可知 $g(z)$ 为整函数. 由定理 1.2.4 和对数导数引理，有

$$
\begin{aligned}
T(r,g)&=m(r,g)=m\left(r,\frac{f'(f-F)}{(f-a_1)(f-a_2)}\right)\\
&\leqslant m\left(r,\frac{ff'}{(f-a_1)(f-a_2)}\right)+m\left(r,\frac{f-F}{f}\right)\\
&\leqslant m\left(r,\frac{a_1}{a_1-a_2}\cdot\frac{f'}{f-a_1}\right)+m\left(r,\frac{a_2}{a_1-a_2}\cdot\frac{f'}{f-a_2}\right)+S(r,f)\\
&=S(r,f).
\end{aligned} \tag{2.2.9}
$$

设$z_{ij}(j=1,\ 2,\ \cdots)$为$f-a_i$和$F-a_i$的公共重零点$(i=1,\ 2)$，用m_{ij}和n_{ij}分别表示z_{ij}对应的重数．注意到m_{ij}，$n_{ij}\geqslant 2$．由式(2.2.8)，可知$z_{ij}(j=1,\ 2,\ \cdots)$都是$g(z)$的重数至少为$\min\{m_{ij},\ n_{ij}\}-1\geqslant 1$的零点．由此和式(2.2.9)可得

$$\overline{N}^*(r,a_1)+\overline{N}^*(r,a_2)\leqslant\overline{N}\left(r,\frac{1}{g}\right)\leqslant T(r,g)=S(r,f).$$

□

注．仔细观察引理2.2.4的证明，不难发现把2"CM"值换成2 IM值，结论仍然成立．

引理2.2.5．设$f(z)$为有限级非常数整函数，a_1，a_2为不同的复常数．若$f(z)$和$\Delta_\eta^n f(z)$分担a_1和a_2IM且(2.2.2)成立，则$f(z)$和$\Delta_\eta^n f(z)$分担a_1和a_2"CM"．

证明．由于$f(z)$和$\Delta_\eta^n f(z)$分担a_1IM且式(2.2.2)成立，故显然$f(z)$和$\Delta_\eta^n f(z)$分担a_1"CM"．

由第二菲本定理和式(2.2.2)，我们得到

$$\begin{aligned}T(r,f)&\leqslant\overline{N}\left(r,\frac{1}{f-a_1}\right)+\overline{N}\left(r,\frac{1}{f-a_2}\right)+S(r,f)\\&=\overline{N}\left(r,\frac{1}{f-a_2}\right)+S(r,f).\end{aligned}\tag{2.2.10}$$

令$k=1$，则引理2.2.4中的结论(ii)可写为

$$\overline{N}\left(r,\frac{1}{f-a_2}\right)\leqslant\frac{1}{2}\overline{N}_{1)}\left(r,\frac{1}{f-a_2}\right)+\frac{1}{2}T(r,f)+O(1).\tag{2.2.11}$$

结合式(2.2.10)和式(2.2.11)可得

$$T(r,f)\leqslant\overline{N}_{1)}\left(r,\frac{1}{f-a_2}\right)+S(r,f).$$

也就是

$$\overline{N}_{1)}\left(r,\frac{1}{f-a_2}\right)\leqslant\overline{N}\left(r,\frac{1}{f-a_2}\right)\leqslant T(r,f)+S(r,f).$$

这表明

$$T(r,f)=\overline{N}_{1)}\left(r,\frac{1}{f-a_2}\right)+S(r,f)=\overline{N}\left(r,\frac{1}{f-a_2}\right)+S(r,f).\tag{2.2.12}$$

因此，我们得到

$$\overline{N}_{(2}\left(r,\ \frac{1}{f-a_2}\right)=S(r,\ f).$$

类似可证

$$T(r,\ \Delta_\eta^n f)=\overline{N}_{1)}\left(r,\ \frac{1}{\Delta_\eta^n f-a_2}\right)+S(r,\ \Delta_\eta^n f)=\overline{N}\left(r,\ \frac{1}{\Delta_\eta^n f-a_2}\right)+S(r,\ \Delta_\eta^n f).$$

利用引理2.2.4中的结论(i)可推出

$$T(r,f)=\overline{N}_{1)}\left(r,\frac{1}{\Delta_\eta^n f-a_2}\right)+S(r,f)=\overline{N}\left(r,\frac{1}{\Delta_\eta^n f-a_2}\right)+S(r,f),\tag{2.2.13}$$

从而有

$$\overline{N}_{(2}\left(r,\frac{1}{\Delta_\eta^n f-a_2}\right)=S(r,f). \tag{2.2.14}$$

利用引理 2.2.4 中的结论(iv)容易得到

$$N_E(r,a_2)-N_E^{1)}(r,a_2)\leqslant\overline{N}^*(r,a_2)=S(r,f). \tag{2.2.15}$$

由式(2.2.12)，式(2.2.14)和式(2.2.15)可得

$$\begin{aligned}\overline{N}\left(r,\frac{1}{f-a_2}\right)-N_E(r,a_2)&=\overline{N}\left(r,\frac{1}{f-a_2}\right)-N_E^{1)}(r,a_2)+S(r,f)\\&\leqslant\overline{N}\left(r,\frac{1}{f-a_2}\right)-\left(\overline{N}_{1)}\left(r,\frac{1}{f-a_2}\right)-\overline{N}_{(2}\left(r,\frac{1}{\Delta_\eta^n f-a_2}\right)\right)+S(r,f)\\&=S(r,f).\end{aligned} \tag{2.2.16}$$

注意到$f(z)$和 $\Delta_\eta^n f(z)$分担 a_2IM，由式(2.2.16)，可得

$$\overline{N}\left(r,\frac{1}{\Delta_\eta^n f-a_2}\right)-N_E(r,a_2)=S(r,f). \tag{2.2.17}$$

即证$f(z)$和 $\Delta_\eta^n f(z)$分担 a_2“CM”. □

注. 显然，将引理 2.2.5 中的 2“IM”值换成 2“CM”值，证明中出现式(2.2.12)，式(2.2.16)和式(2.2.17)仍成立. 这些式子将应用定理 2.2.8 的证明.

引理 2.2.6([22]). 设$f(z)$为有限级亚纯函数，$\rho(f)=\rho$，$\varepsilon>0$，η_1和η_2为两个不同的非零复常数. 则存在具有有限对数测度的集合 $E\subset(1,+\infty)$使得对任意满足$|z|=r\notin[0,1]\cup E$ 的 z，当 $r\to\infty$ 时，

$$\exp\{-r^{\rho-1+\varepsilon}\}\leqslant\left|\frac{f(z+\eta_1)}{f(z+\eta_2)}\right|\leqslant\exp\{r^{\rho-1+\varepsilon}\}.$$

引理 2.2.7([103]). 设 $f(z)$ 为 $|z|<R$ 内的非常数亚纯函数，且 $a_j(j=1,2,\cdots,q)$为 q 个不同的常数. 则对任意 $0<r<R$，有

$$m\left(r,\sum_{j=1}^{q}\frac{1}{f-a_j}\right)=\sum_{j=1}^{q}m\left(r,\frac{1}{f-a_j}\right)+O(1).$$

2.2.3　本节定理的证明

定理 2.2.3 的证明. 由于$f(z)$和 $L:=L(z,f)$分担 a，b，∞ CM，故我们得到

$$\frac{L-a}{f-a}=\mathrm{e}^p, \tag{2.2.18}$$

和

$$\frac{L-b}{f-b}=\mathrm{e}^q, \tag{2.2.19}$$

其中，$p=p(z)$，$q=q(z)$为整函数满足 $\max\{\rho(\mathrm{e}^p),\rho(\mathrm{e}^q)\}\leqslant\rho_2(f)$.

由式(2.2.18)和式(2.2.19)可得

$$(\mathrm{e}^q-\mathrm{e}^p)f=a-b+b\mathrm{e}^q-a\mathrm{e}^p. \tag{2.2.20}$$

若 $\mathrm{e}^p\equiv\mathrm{e}^q$，则由式(2.2.20)，可知

$$(a-b)(1-\mathrm{e}^p)=0.$$

由于 $a-b\neq 0$，故 $e^p\equiv 1$，进而由式(2.2.18)即可证明定理成立.

下面假设 $e^p\not\equiv e^q$ 并分三步完成证明.

第一步，考虑情况(i)：$L(z,\ a)-a=L(z,\ b)-b\equiv 0$. 由式(2.2.18)以及定理1.2.3可得

$$T(r,e^p)=m(r,e^p)=m\left(r,\frac{L-a}{f-a}\right)=m\left(r,\frac{L(z,f-a)}{f-a}\right)=S(r,f). \qquad (2.2.21)$$

类似地，我们可以得到 $T(r,\ e^q)=S(r,\ f)$. 再由式(2.2.20)可得矛盾

$$\begin{aligned}T(r,f)&=T\left(r,\frac{a-b+be^q-ae^p}{e^q-e^p}\right)\\&\leqslant 2(T(r,a)+T(r,b)+T(r,e^p)+T(r,e^p))+S(r,f)=S(r,f).\end{aligned}$$

第二步，考虑情况(iii)：$\rho(f)\notin\mathbf{N}\cup\{\infty\}$. 此时，$p(z)$，$q(z)$均为多项式，且

$$\max\{\deg p(z),\deg q(z)\}\leqslant[\rho(f)]<\rho(f). \qquad (2.2.22)$$

由式(2.2.20)可得

$$T(r,f)=T\left(r,\frac{a-b+be^q-ae^p}{e^q-e^p}\right)\leqslant 2T(r,e^p)+2T(r,e^q)+S(r,f).$$

这表明 $\rho(f)\leqslant\max\{\deg p(z),\ \deg q(z)\}$，与式(2.2.22)矛盾.

第三步，考虑情况(ii)：$L(z,\ a)-a\equiv 0$ 或 $L(z,\ b)-b\equiv 0$ 之一成立，且存在 $\lambda\in(0,\ 1)$使得 $N(r,\ f)<\lambda T(r,\ f)$. 不失一般性，不妨设 $L(z,\ a)-a\equiv 0$，则式(2.2.21)依然成立.

对方程(2.2.18)和式(2.2.19)两边进行求导，可得

$$L'f-f'L-p'fL=a(L'-f')+a'(f-L)-ap'(f+L)+p'a^2,$$

和

$$L'f-f'L-q'fL=b(L'-f')+b'(f-L)-bq'(f+L)+p'b^2.$$

结合上述两个式子可得

$$A_1fL=A_2(L'-f')+A_3f+A_4L+A_5, \qquad (2.2.23)$$

其中，

$$A_1=p'-q',\ A_2=b-a,\ A_3=b'-a'+ap'+bq',\ A_4=a'-b'p'+bq',\ A_5=q'b^2-p'a^2.$$

注意到式(2.2.23)左边的函数是一个关于 f 和它的导数和位移的微分－差分多项式且次数≤1. 由定理1.2.5，可知 $m(r,\ L)=S(r,\ f)$. 由此及式(2.2.18)和式(2.2.21)，不难得到

$$m(r,f)=m\left(r,\frac{L-a}{e^p}+a\right)\leqslant m(r,e^p)+m(r,L)+2m(r,a)+S(r,f)=S(r,f),$$

进而有

$$T(r,f)=N(r,f)+m(r,f)=N(r,f)+S(r,f),$$

与 $N(r,f)<\lambda T(r,f)$矛盾，其中，$\lambda\in(0,1)$. 这就完成了定理2.2.3的证明.

□

定理2.2.6的证明. 利用反证法，假设 $f(z)\not\equiv\Delta_\eta^n f(z)$. 记

$$\gamma(z)=\frac{f'(z)(\Delta_\eta^n f(z)-f(z))}{f(z)(f(z)-a)},$$
$$\eta(z)=\frac{(\Delta_\eta^n f(z))'(\Delta_\eta^n f(z)-f(z))}{\Delta_\eta^n f(z)(\Delta_\eta^n f(z)-a)}. \tag{2.2.24}$$

注意到$f(z)$为有限级非常数亚纯整函数，且$f(z)$和$\Delta_\eta^n f(z)$分担0 CM和a IM，故$\gamma(z)$和$\eta(z)$均为整函数. 由对数导数引理和定理1.2.4，可得

$$\begin{aligned}T(r,\gamma(z))&=m(r,\gamma(z))=m\left(r,\frac{f'(z)(\Delta_\eta^n f(z)-f(z))}{f(z)(f(z)-a)}\right)\\&\leqslant m\left(r,\frac{f'(z)}{f(z)-a}\right)+m\left(r,\frac{\Delta_\eta^n f(z)}{f(z)}-1\right)+S(r,f)=S(r,f).\end{aligned} \tag{2.2.25}$$

再由$f(z)$和$\Delta_\eta^n f(z)$分担0 CM，可得

$$\frac{\Delta_\eta^n f(z)}{f(z)}=\mathrm{e}^{h(z)},$$

其中，$h(z)$为整函数. 再次应用定理1.2.4可得

$$T(r,\mathrm{e}^{h(z)})=m(r,\mathrm{e}^{h(z)})=m\left(r,\frac{\Delta_\eta^n f(z)}{f(z)}\right)=S(r,f).$$

进而，有

$$T(r,\Delta_\eta^n f(z))=T(r,\mathrm{e}^{h(z)}f(z))=T(r,f)+S(r,f). \tag{2.2.26}$$

对任意给定的$b\in\mathbb{C}\setminus\{0,a\}$，由定理1.2.4和引理2.2.1，有

$$\begin{aligned}&m\left(r,\frac{1}{f(z)-b}\right)=m\left(r,\frac{f'(z)(\Delta_\eta^n f(z)-f(z))}{f(z)(f(z)-a)(f(z)-b)\gamma(z)}\right)\\&\leqslant m\left(r,\frac{\Delta_\eta^n f(z)}{f(z)}-1\right)+m\left(r,\frac{f'(z)}{(f(z)-a)(f(z)-b)}\right)+S(r,f)\\&=S(r,f).\end{aligned} \tag{2.2.27}$$

应用第二基本定理可得

$$\begin{aligned}T(r,f)&\leqslant\overline{N}\left(r,\frac{1}{f(z)}\right)+\overline{N}\left(r,\frac{1}{f(z)-a}\right)+\overline{N}(r,f(z))+S(r,f).\\&\leqslant\overline{N}\left(r,\frac{1}{f(z)}\right)+\overline{N}\left(r,\frac{1}{f(z)-a}\right)+S(r,f).\end{aligned}$$

再由式(2.2.24)，式(2.2.25)和定理1.2.4，我们得到

$$\begin{aligned}&\overline{N}\left(r,\frac{1}{f(z)}\right)+\overline{N}\left(r,\frac{1}{f(z)-a}\right)\\&=N\left(r,\frac{f'(z)}{f(z)(f(z)-a)}\right)=N\left(r,\frac{\gamma(z)}{\Delta_\eta^n f(z)-f(z)}\right)\\&\leqslant T(r,\Delta_\eta^n f(z)-f(z))+S(r,f)=m(r,\Delta_\eta^n f(z)-f(z))+S(r,f)\\&\leqslant m\left(r,\frac{\Delta_\eta^n f(z)}{f(z)}-1\right)+m(r,f)+S(r,f)\\&=T(r,f)+S(r,f).\end{aligned}$$

结合上述两个不等式，即可得到

$$\overline{N}\left(r, \frac{1}{f(z)}\right)+\overline{N}\left(r, \frac{1}{f(z)-a}\right)=T(r,f)+S(r,f). \tag{2.2.28}$$

由于$f(z)$为非常数亚纯函数，由式(2.2.26)和第二基本定理，可得

$$\begin{aligned}2T(r,f)&=2T(r,\Delta_\eta^n f(z))+S(r,f)\\ &\leqslant\overline{N}\left(r, \frac{1}{\Delta_\eta^n f(z)}\right)+\overline{N}\left(r, \frac{1}{\Delta_\eta^n f(z)-a}\right)+\overline{N}\left(r, \frac{1}{\Delta_\eta^n f(z)-b}\right)+S(r,f).\end{aligned}$$

注意到$f(z)$和$\Delta_\eta^n f(z)$分担0 CM和a IM，故由式(2.2.26)和式(2.2.28)，有

$$\begin{aligned}&\overline{N}\left(r, \frac{1}{\Delta_\eta^n f(z)}\right)+\overline{N}\left(r, \frac{1}{\Delta_\eta^n f(z)-a}\right)+\overline{N}\left(r, \frac{1}{\Delta_\eta^n f(z)-b}\right)\\ &\leqslant\overline{N}\left(r, \frac{1}{f(z)}\right)+\overline{N}\left(r, \frac{1}{f(z)-a}\right)+T\left(r, \frac{1}{\Delta_\eta^n f(z)-b}\right)-m\left(r, \frac{1}{\Delta_\eta^n f(z)-b}\right)\\ &\leqslant T(r,f)+T(r,\Delta_\eta^n f(z))-m\left(r, \frac{1}{\Delta_\eta^n f(z)-b}\right)+S(r,f).\\ &=2T(r,f)-m\left(r, \frac{1}{\Delta_\eta^n f(z)-b}\right)+S(r,f).\end{aligned}$$

结合上述两个不等式，即可得到

$$m\left(r, \frac{1}{\Delta_\eta^n f(z)-b}\right)=S(r,f). \tag{2.2.29}$$

一方面，易知

$$\begin{aligned}&m\left(r, \frac{f(z)-b}{\Delta_\eta^n f(z)-b}\right)-m\left(r, \frac{\Delta_\eta^n f(z)-b}{f(z)-b}\right)\\ &=T\left(r, \frac{f(z)-b}{\Delta_\eta^n f(z)-b}\right)-N\left(r, \frac{f(z)-b}{\Delta_\eta^n f(z)-b}\right)-T\left(r, \frac{\Delta_\eta^n f(z)-b}{f(z)-b}\right)+\\ &\quad N\left(r, \frac{\Delta_\eta^n f(z)-b}{f(z)-b}\right)\\ &=N\left(r, \frac{\Delta_\eta^n f(z)-b}{f(z)-b}\right)-N\left(r, \frac{f(z)-b}{\Delta_\eta^n f(z)-b}\right)+O(1).\end{aligned}$$

另一方面，考虑函数$f_1(z)=\Delta_\eta^n f(z)-b$，$f_2(z)=\dfrac{1}{f(z)-b}$，并应用引理2.2.2，可得

$$\begin{aligned}&N\left(r, \frac{\Delta_\eta^n f(z)-b}{f(z)-b}\right)-N\left(r, \frac{f(z)-b}{\Delta_\eta^n f(z)-b}\right)\\ &=N(r,\Delta_\eta^n f(z)-b)+N\left(r, \frac{1}{f(z)-b}\right)-N(r,f(z)-b)-\\ &\quad N\left(r, \frac{1}{\Delta_\eta^n f(z)-b}\right)+O(1)\\ &=N\left(r, \frac{1}{f(z)-b}\right)-N\left(r, \frac{1}{\Delta_\eta^n f(z)-b}\right)+O(1).\end{aligned}$$

则由式(2.2.26)，式(2.2.27)和式(2.2.29)，我们得到

$$\begin{aligned}
&N\left(r,\frac{1}{f(z)-b}\right)-N\left(r,\frac{1}{\Delta_\eta^n f(z)-b}\right)\\
&=T\left(r,\frac{1}{f(z)-b}\right)-m\left(r,\frac{1}{f(z)-b}\right)-T\left(r,\frac{1}{\Delta_\eta^n f(z)-b}\right)+\\
&m\left(r,\frac{1}{\Delta_\eta^n f(z)-b}\right)\\
&=T\left(r,\frac{1}{f(z)-b}\right)-T\left(r,\frac{1}{\Delta_\eta^n f(z)-b}\right)+S(r,f)\\
&=T(r,f(z))-T(r,\Delta_\eta^n f(z))+S(r,f)=S(r,f).
\end{aligned}$$

由上述三个不等式即可得到

$$m\left(r,\frac{f(z)-b}{\Delta_\eta^n f(z)-b}\right)-m\left(r,\frac{\Delta_\eta^n f(z)-b}{f(z)-b}\right)=S(r,f).$$

由上式和式(2.2.27)，应用定理 1.2.4 可得

$$\begin{aligned}
&m\left(r,\frac{f(z)-b}{\Delta_\eta^n f(z)-b}\right)=m\left(r,\frac{\Delta_\eta^n f(z)-b}{f(z)-b}\right)+S(r,f)\\
&\leqslant m\left(r,\frac{\Delta_\eta^n f(z)}{f(z)-b}\right)+m\left(r,\frac{b}{f(z)-b}\right)+S(r,f)=S(r,f).
\end{aligned}\tag{2.2.30}$$

由引理 2.2.1，结合式(2.2.24)和式(2.2.30)，可以推出

$$\begin{aligned}
T(r,\eta(z))&=m(r,\eta(z))\\
&=m\left(r,\frac{(\Delta_\eta^n f(z))'(\Delta_\eta^n f(z)-f(z))}{\Delta_\eta^n f(z)(\Delta_\eta^n f(z)-a)}\right)\\
&\leqslant m\left(r,\frac{(\Delta_\eta^n f(z))'(\Delta_\eta^n f(z)-b)}{\Delta_\eta^n f(z)(\Delta_\eta^n f(z)-a)}\right)+m\left(r,\frac{\Delta_\eta^n f(z)-f(z)}{\Delta_\eta^n f(z)-b}\right)\\
&\leqslant m\left(r,\frac{(\Delta_\eta^n f(z))'(\Delta_\eta^n f(z)-b)}{\Delta_\eta^n f(z)(\Delta_\eta^n f(z)-a)}\right)+m\left(r,1-\frac{f(z)-b}{\Delta_\eta^n f(z)-b}\right)\\
&=S(r,\Delta_\eta^n f(z))+S(r,f)=S(r,f).
\end{aligned}\tag{2.2.31}$$

设 z_0 是 $f(z)-a$ 和 $\Delta_\eta^n f(z)-a$ 公共零点，重数分别是 p 和 q. 由式(2.2.24)，有

$$\gamma(z_0)a=p\cdot\left(\frac{\Delta_\eta^n f(z)-f(z)}{z-z_0}\right)\Bigg|_{z=z_0},$$

$$\eta(z_0)a=q\cdot\left(\frac{\Delta_\eta^n f(z)-f(z)}{z-z_0}\right)\Bigg|_{z=z_0}.$$

这表明 $q\gamma(z_0)=p\eta(z_0)$. 类似地，对 $f(z)$ 和 $\Delta_\eta^n f(z)$ 的任意重数分别为 p 和 q 的公共零点 z_1，也满足 $q\gamma(z_1)=p\eta(z_1)$. 下面分两种情况讨论：

情况 1：$q\gamma(z)\not\equiv p\eta(z)$. 则由前面的讨论可知，$f(z)-a$ 和 $\Delta_\eta^n f(z)-a$($f(z)$和 Δ_η^n

$f(z)$)的重数分别是 p 和 q 的公共零点，必为 $q\gamma(z)-p\eta(z)$ 的零点. 因此，由式(2.2.25)和式(2.2.31)可得

$$\overline{N}_{(p,q)}\left(r,\frac{1}{f(z)}\right)+\overline{N}_{(p,q)}\left(r,\frac{1}{f(z)-a}\right)\leqslant\overline{N}\left(r,\frac{1}{q\gamma(z)-p\eta(z)}\right)$$
$$\leqslant T(r,q\gamma(z)-p\eta(z))\leqslant T(r,\gamma(z))+T(r,\eta(z))+O(1)=S(r,f). \tag{2.2.32}$$

进而，由式(2.2.26)和式(2.2.32)，有

$$\begin{aligned}
&\overline{N}\left(r,\frac{1}{f(z)}\right)+\overline{N}\left(r,\frac{1}{f(z)-a}\right)\\
&=\sum_{p,q}\left(\overline{N}_{(p,q)}\left(r,\frac{1}{f(z)}\right)+\overline{N}_{(p,q)}\left(r,\frac{1}{f(z)-a}\right)\right)\\
&\leqslant\sum_{p+q<8}\left(\overline{N}_{(p,q)}\left(r,\frac{1}{f(z)}\right)+\overline{N}_{(p,q)}\left(r,\frac{1}{f(z)-a}\right)\right)+\\
&\quad\sum_{p+q\geqslant 8}\left(\overline{N}_{(p,q)}\left(r,\frac{1}{f(z)}\right)+\overline{N}_{(p,q)}\left(r,\frac{1}{f(z)-a}\right)\right)\\
&\leqslant\frac{1}{8}\sum_{p+q<8}\left(N_{(p,q)}\left(r,\frac{1}{f(z)}\right)+N_{(p,q)}\left(r,\frac{1}{\Delta_\eta^n f(z)}\right)\right)+\\
&\quad\frac{1}{8}\sum_{p+q\geqslant 8}\left(N_{(p,q)}\left(r,\frac{1}{f(z)-a}\right)+N_{(p,q)}\left(r,\frac{1}{\Delta_\eta^n f(z)-a}\right)\right)+S(r,f)\\
&\leqslant\frac{1}{8}\left(N\left(r,\frac{1}{f(z)}\right)+N\left(r,\frac{1}{\Delta_\eta^n f(z)}\right)\right)+\\
&\quad\frac{1}{8}\left(N\left(r,\frac{1}{f(z)-a}\right)+N\left(r,\frac{1}{\Delta_\eta^n f(z)-a}\right)\right)+S(r,f)\\
&\leqslant\frac{1}{4}T(r,f)+\frac{1}{4}T(r,\Delta_\eta^n f(z))+S(r,f)=\frac{1}{2}T(r,f)+S(r,f).
\end{aligned}$$

这与式(2.2.28)矛盾.

情况 2：$q\gamma(z)\equiv p\eta(z)$. 由于 $\Delta_\eta^n f(z)\not\equiv f(z)$，故由式(2.2.24)，可得

$$q\cdot\frac{f'(z)}{f(z)(f(z)-a)}\equiv p\cdot\frac{(\Delta_\eta^n f(z))'}{\Delta_\eta^n f(z)(\Delta_\eta^n f(z)-a)}.$$

对上式两边进行积分即得

$$\left(\frac{f(z)}{f(z)-a}\right)^q\equiv A\left(\frac{\Delta_\eta^n f(z)}{\Delta_\eta^n f(z)-a}\right)^p, \tag{2.2.33}$$

其中，$A(\neq 0)$为常数.

由定理 1.1.12，结合式(2.2.26)和式(2.2.33)，有

$$qT(r,f)=pT(r\cdot\Delta_\eta^n f(z))+O(1)=pT(r,f)+S(r,f).$$

这表明 $p=q$. 再由式(2.2.33)可知，存在非零常数 B，使得

$$\frac{f(z)}{f(z)-a}\equiv B\frac{\Delta_\eta^n f(z)}{\Delta_\eta^n f(z)-a}. \tag{2.2.34}$$

由于 $\Delta_\eta^n f(z)\not\equiv f(z)$，故 $B\neq 1$.

将式(2.2.34)改写为

$$f(z)-\frac{aB}{B-1}=\frac{aB}{1-B}\cdot\frac{f(z)-a}{\Delta_\eta^n f(z)-a}. \tag{2.2.35}$$

由于 $B\neq 0$，1，故$\frac{aB}{B-1}\neq 0$，a. 由式(2.2.35)可知，$f(z)-\frac{aB}{B-1}$的零点必为$f(z)-a$的零点. 这是不可能的. 因此$f(z)-\frac{aB}{B-1}$无零点. 由式(2.2.28)并应用第二基本定理，可以推出下面的矛盾式

$$\begin{aligned}T(r,f)\leqslant&\overline{N}\left(r,\frac{1}{f(z)}\right)+\overline{N}\left(r,\frac{1}{f(z)-a}\right)+\overline{N}\left(r,\frac{1}{f(z)-\frac{aB}{B-1}}\right)\\&+\overline{N}(r,f(z))-T(r,f)+S(r,f).\\=&\overline{N}\left(r,\frac{1}{f(z)}\right)+\overline{N}\left(r,\frac{1}{f(z)-a}\right)+S(r,f)-T(r,f)=S(r,f).\end{aligned}$$

至此，我们就证明了定理 2.2.6.

□

定理 2.2.8 的证明. 利用反证法，假设$f(z)\not\equiv\Delta_\eta^n f(z)$. 由于$f(z)$为有限级整函数且与 $\Delta_\eta^n f(z)$分担 a_1和 a_2“CM”，故

$$\frac{\Delta_\eta^n f(z)-a_1}{f(z)-a_1}=p_1(z)e^{q_1(z)}, \tag{2.2.36}$$

且

$$\frac{\Delta_\eta^n f(z)-a_2}{f(z)-a_2}=p_2(z)e^{q_2(z)}, \tag{2.2.37}$$

其中，$p_j(z)$为亚纯函数，满足$\rho(p_j)<\rho(f)\,(j=1,\ 2)$，且 $q_1(z)$，$q_2(z)$为多项式，满足 $\deg q_1(z)\leqslant\rho(f)$，$\deg q_2(z)\leqslant\rho(f)$.

若 $p_1(z)e^{q_1}(z)\equiv p_2(z)e^{q_2}(z)$，则由式(2.2.36)和式(2.2.37)可得$f(z)\equiv\Delta_\eta^n f(z)$.

下面假设 $p_1(z)e^{q_1(z)}\not\equiv p_2(z)e^{q_2(z)}$. 由式(2.2.36)和式(2.2.37)，可得

$$f(z)-a_1=\frac{(a_2-a_1)(1-p_2(z)e^{q_2(z)})}{p_1(z)e^{q_1(z)}-p_2(z)e^{q_2(z)}}. \tag{2.2.38}$$

注意到$\rho(p_j)<\rho(f)\,(j=1,\ 2)$，由式(2.2.38)可知，几乎所有(至多除去$S(r,\ f)$之外)的$(f(z)-a_1)$的零点都是$g(z):=1-p_2(z)e^{q_2(z)}$的零点. 故

$$\overline{N}\left(r,\frac{1}{f-a_1}\right)\leqslant\overline{N}\left(r,\frac{1}{1-p_2e^{q_2}}\right)+S(r,f)\leqslant T(r,e^{q_2})+S(r,f). \tag{2.2.39}$$

下面分两种情况进行讨论.

情况 1：$\deg q_2(z)<\rho(f)$. 由式(2.2.39)可得

$$\overline{N}\left(r,\frac{1}{f-a_1}\right)=S(r,f).$$

此时，引理2.2.4的结论均成立. 令

$$F(z)=\frac{\Delta_\eta^n f-a_1}{\Delta_\eta^n f-a_2},\ G(z)=\frac{f-a_1}{f-a_2}. \tag{2.2.40}$$

注意到$f(z)$和$\Delta_\eta^n f(z)$分担a_1和a_2"CM"，则$F(z)$和$G(z)$为亚纯函数且分担0和∞"CM". 由式(2.2.40)，应用引理2.2.4的结论(ii)以及Valiron－Mohon'ko(定理1.1.12)，可得

$$T(r,F)=T(r,\Delta_\eta^n f)+S(r,\Delta_\eta^n f)=T(r,f)+S(r,f),$$
$$T(r,G)=T(r,f)+S(r,f). \tag{2.2.41}$$

设

$$\varphi(z)=\frac{F''}{F'}-\frac{G''}{G'}, \tag{2.2.42}$$

则由对数导数引理可得

$$\begin{aligned}m(r,\varphi)&\leqslant m\left(r,\frac{F''}{F'}\right)+m\left(r,\frac{G''}{G'}\right)+O(1)\\&=S(r,F')+S(r,G')=S(r,f).\end{aligned} \tag{2.2.43}$$

由式(2.2.42)可知$\varphi(z)$的极点均为简单极点，且必为$F'(z)$或$G'(z)$的零点，又或者是$F(z)$或$G(z)$的极点.

下面假设z_0为$G(z)$和$H(z)$的重数均为k的公共极点(即z_0为$f-a_2$和$F-a_2$的重数均为k的公共零点)，且在$z-z_0$的邻域内，

$$F(z)=\frac{A_{-k}}{(z-z_2)^k}+\frac{A_{-k+1}}{(z-z_2)^{k-1}}+\cdots,$$

$$G(z)=\frac{B_{-k}}{(z-z_2)^k}+\frac{B_{-k+1}}{(z-z_2)^{k-1}}+\cdots,$$

经过简单计算可知

$$\begin{aligned}\varphi&=\frac{F''}{F'}-\frac{G''}{G'}\\&=\left(-\frac{k+1}{z-z_2}+\frac{(k-1)A_{-k+1}}{kA_{-k}}+O(z-z_2)\right)-\\&\quad\left(-\frac{k+1}{z-z_2}+\frac{(k-1)B_{-k+1}}{kB_{-k}}+O(z-z_2)\right)\\&=\frac{k-1}{k}\left(\frac{A_{-k+1}}{A_{-k}}-\frac{B_{-k+1}}{B_{-k}}\right)+O(z-z_2),\end{aligned} \tag{2.2.44}$$

这表明z_2不是$\varphi(z)$的极点.

为了考察$F'(z)$和$G'(z)$的零点，由式(2.2.40)推出

$$F'=\frac{(a_1-a_2)(\Delta_\eta^n f)'}{(\Delta_\eta^n f-a_2)^2},\ G'=\frac{(a_1-a_2)f'}{(f-a_2)^2}. \tag{2.2.45}$$

由引理2.2.4的结论(iv)和式(2.2.45)可得

$$\overline{N}\left(r,\frac{1}{F'}\right)\leqslant\overline{N}\left(r,\frac{1}{(\Delta_\eta^n f)'}\right)=S(r,f),\overline{N}\left(r,\frac{1}{G'}\right)\leqslant\overline{N}\left(r,\frac{1}{f'}\right)=S(r,f). \tag{2.2.46}$$

则由式(2.2.16)，式(2.2.17)，式(2.2.40)，式(2.2.42)和式(2.2.46)，我们可以推出

$$\begin{aligned}&N(r,\varphi)\\ \leqslant&\overline{N}\left(r,\frac{1}{F'}\right)+\overline{N}\left(r,\frac{1}{G'}\right)+\overline{N}(r,F)+\overline{N}(r,G)-2N_E(r,a_2)+S(r,f)\\ =&\overline{N}\left(r,\frac{1}{\Delta_\eta^n f-a_2}\right)+\overline{N}\left(r,\frac{1}{f-a_2}\right)-2N_E(r,a_2)+S(r,f)=S(r,f).\end{aligned} \tag{2.2.47}$$

故由式(2.2.43)和式(2.2.47)即可得到

$$T(r,\varphi)=m(r,\varphi)+N(r,\varphi)=S(r,f). \tag{2.2.48}$$

断言 $\varphi(z)\equiv0$. 否则，假设 z_0^* 为 $G(z)$ 和 $H(z)$ 的简单公共极点，即 $f-a_2$ 和 $F-a_2$ 的简单公共零点. 由式(2.2.44)可知，z_2^* 为 $\varphi(z)$ 的零点，故

$$N_E^{1)}(r,a_2)\leqslant N\left(r,\frac{1}{\varphi}\right)\leqslant T(r,\varphi)=S(r,f). \tag{2.2.49}$$

结合式(2.2.12)，式(2.2.15)和式(2.2.16)可得

$$\begin{aligned}N_E^{1)}(r,a_2)&=N_E(r,a_2)+S(r,f)\\ &=\overline{N}\left(r,\frac{1}{f-a_2}\right)+S(r,f)=T(r,f)+S(r,f).\end{aligned} \tag{2.2.50}$$

由式(2.2.49)和式(2.2.50)即可得到矛盾式 $T(r,f)\leqslant S(r,f)$.

至此，我们证明了 $\varphi(z)\equiv0$. 故

$$\frac{F''}{F'}\equiv\frac{G''}{G'}.$$

对上式两边进行积分可得，

$$F\equiv\alpha G+\beta, \tag{2.2.51}$$

其中，$\alpha(\neq0)$ 且 β 为常数.

接下来讨论两种子情况.

子情况 1.1：a_1 不是 $f(z)$ 的 Nevanlinna 例外值. 则由 $f(z)$ 和 $\Delta_\eta^n f(z)$ 分担 a_1“CM”可知，存在 z_3 使得 $f(z_3)=\Delta_\eta^n f(z_3)=a_1$. 则由式(2.2.40)，$F(z_3)=G(z_3)=0$. 故 $\beta=0$. 此时式(2.2.51)可化为

$$F\equiv\alpha G. \tag{2.2.52}$$

显然，由假设 $f(z)\not\equiv F(z)$ 可知，$\alpha\neq1$. 注意到 1 为 $G(z)$ 和 $H(z)$ 的 Picard 例外值，则由式(2.2.52)可知，1，α 为 $G(z)$ 的 Picard 例外值，且 1，$\frac{1}{\alpha}$ 为 $H(z)$ 的 Picard 例外值. 由此和式(2.2.40)，有

$$G=\frac{f-a_1}{f-a_2}\neq\frac{1}{\alpha}.$$

也就是，

$$f \neq \frac{a_1\alpha - a_2}{\alpha - 1}, \tag{2.2.53}$$

这表明$\frac{a_1\alpha - a_2}{\alpha - 1}$为$f(z)$的 Picard 例外值. 显然，$\frac{a_1\alpha - a_2}{\alpha - 1} \neq a_1$，$a_2$.

另一方面，由引理 2.2.4 的结论(ii)，有

$$\overline{N}\left(r, \frac{1}{f - \frac{a_1\alpha - a_2}{\alpha - 1}}\right) = T(r,f) + S(r,f).$$

这与式(2.2.53)矛盾.

子情况 1.2：a_1是$f(z)$的 Nevanlinna 例外值. 由于$f(z)$和$F(z)$分担a_1"IM"，故a_1也是F的 Nevanlinna 例外值. 这要求 0 必为$G(z)$和$H(z)$的 Nevanlinna 例外值. 由式(2.2.40)和式(2.2.51)可知，

$$0, 1, \beta, \alpha+\beta, \text{和} 0, 1, -\frac{\beta}{\alpha}, \frac{1-\beta}{\alpha}$$

分别是$G(z)$和$H(z)$的 Nevanlinna 例外值. 由于$f(z) \not\equiv \Delta_\eta^n f(z)$，故$\alpha \neq 1$. 因此$\beta = 1$，$\alpha + \beta = 0$. 此时，式(2.2.51)可化为

$$F \equiv -G + 1. \tag{2.2.54}$$

由式(2.2.54)，可知$F(z)$和$G(z)$分担$\frac{1}{2}$CM. 这表明$f(z)$和$\Delta_\eta^n f(z)$分担$2a_1 - a_2$($\neq a_1$，a_2)CM. 故

$$\begin{aligned}
&\overline{N}\left(r, \frac{1}{f - a_2}\right) + \overline{N}\left(r, \frac{1}{f - (2a_1 - a_2)}\right) \leqslant \overline{N}\left(r, \frac{1}{f - \Delta_\eta^n f}\right) \\
&\leqslant T(r, f - \Delta_\eta^n f) = m(r, f - \Delta_\eta^n f) \\
&\leqslant m\left(r, \frac{\Delta_\eta^n f}{f}\right) + m(r,f) \leqslant T(r,f) + S(r,f).
\end{aligned}$$

上式和式(2.2.50)表明

$$\overline{N}\left(r, \frac{1}{f - (2a_1 - a_2)}\right) = S(r,f).$$

另一方面，由引理 2.2.4 的结论(i)可得

$$\overline{N}\left(r, \frac{1}{f - (2a_1 - a_2)}\right) = T(r,f) + S(r,f).$$

矛盾!

情况 2：$\deg q_2(z) = \rho(f)$. 若$\deg q_1(z) < \rho(f)$，则类似情况 1 可得类似的矛盾. 因此，$\deg q_1(z) = \rho(f)$. 假设$\deg q_1(z) = \deg q_2(z) = \rho(f) = d$. 则显然，$d \geqslant 1$. 否则，可由式(2.2.38)得到矛盾式

$$\rho(f) \leqslant \max\{\rho(p_1), \rho(p_2)\}.$$

记

$$q_1(z)=A_dz^d+A_{d-1}z^{d-1}+\cdots+A_0$$

和

$$q_2(z)=B_dz^d+B_{d-1}z^{d-1}+\cdots+B_0,$$

则 $A_dB_d\neq 0$.

令

$$A_d=r_1\mathrm{e}^{\mathrm{i}\theta_1},\ B_d=r_2\mathrm{e}^{\mathrm{i}\theta_2},\ A_d+B_d=r_3\mathrm{e}^{\mathrm{i}\theta_3},$$

其中，$\theta_j\in[-\pi,\pi)$, $j=1,2,3$.

由式(2.2.36)和式(2.2.37)，我们得到

$$\frac{\Delta_\eta^n f}{f-a_1}=\frac{a_2p_1\mathrm{e}^{q_1}-a_1p_2\mathrm{e}^{q_2}+(a_1-a_2)p_1p_2\mathrm{e}^{q_1+q_2}}{(a_2-a_1)(1-p_2\mathrm{e}^{q_2})}. \tag{2.2.55}$$

注意到

$$\Delta_\eta^n f=\Delta_\eta^n(f-a_j)=\sum_{j=0}^{n}(-1)^j\mathrm{C}_n^j(f(z+(n-j)\eta)-a_j),\ j=1,2.$$

取 $e=\max\{\rho(p_1),\ \rho(p_2)\}$ 和 $\varepsilon=\min\left\{\frac{d-e}{2},\ \frac{1}{2}\right\}$，则由引理 2.2.6，存在具有有限对数测度的集合 $E_1\subset(1,\ +\infty)$，使得对任意满足 $|z|=r\notin[0,\ 1]\cup E_1$ 的 z，当 $r\to\infty$ 时，有

$$\exp\{-r^{d-1+\varepsilon}\}\leqslant\left|\frac{\Delta_\eta^n f}{f-a_j}\right|\leqslant\exp\{r^{d-1+\varepsilon}\},\ j=1,2. \tag{2.2.56}$$

由引理 2.1.1，对上述 ε，存在具有有限线测度的集合 $E_2\subset(1,\ +\infty)$ 使得，对任意满足 $|z|=r\notin[0,\ 1]\cup E_2$ 的 z，当 r 充分大时，

$$\exp\{-r^{e+\varepsilon}\}\leqslant|p_j(z)|\leqslant\exp\{r^{e+\varepsilon}\},\ j=1,2. \tag{2.2.57}$$

子情况 2.1：$r_1>\max\{r_2,\ r_3\}:=r_4$. 取定 $\varphi_1=-\theta_1/d\in[-\pi,\ \pi)$，则对 $z=|z|\mathrm{e}^{\mathrm{i}\varphi_1}=r\mathrm{e}^{\mathrm{i}\varphi_1}$，有

$$A_dz^d=r_1r^d>r_4r^d=\max\{r_2r^d,r_3r^d\}\geqslant\max\{\mathrm{Re}A_dz^d,\mathrm{Re}(A_d+B_d)z^d\}. \tag{2.2.58}$$

由式(2.2.55)~式(2.2.57)可知，对任意满足 $|z|=r\notin[0,\ 1]\cup E_1\cup E_2$ 的 $z=r\mathrm{e}^{\mathrm{i}\varphi_1}$，当 r 充分大时，有

$$\begin{aligned}
&|a_2|\exp\{r_1r^d(1+o(1))-r^{e+\varepsilon}\}\\
<\ &|a_2p_1\mathrm{e}^{q_1}|=\left|(a_2-a_1)(1-p_2\mathrm{e}^{q_2})\frac{\Delta_\eta^n f}{f-a_1}+a_1p_2\mathrm{e}^{q_2}-(a_1-a_2)p_1p_2\mathrm{e}^{q_1+q_2}\right|\\
\leqslant\ &\left|(a_2-a_1)(1-p_2\mathrm{e}^{q_2})\frac{\Delta_\eta^n f}{f-a_1}\right|+|a_1p_2\mathrm{e}^{q_2}|+|(a_1-a_2)p_1p_2\mathrm{e}^{q_1+q_2}|\\
<\ &(|a_1|+|a_2|)(1+\exp\{r^{e+\varepsilon}\})\exp\{r^{d-1+\varepsilon}\}+|a_1|\exp\{r_2r^d(1+o(1))+r^{\rho+\varepsilon}\}\\
&+(|a_1|+|a_2|)\exp\{r_3r^d(1+o(1))+2r^{e+\varepsilon}\}\\
<\ &\exp\{r_4r^d(1+o(1))\}.
\end{aligned}$$

然而，由式(2.2.58)可知这是不可能的.

子情况 2.2：$r_2>\max\{r_1,\ r_3\}$. 将式(2.2.55)化为

$$\frac{\Delta_\eta^n f}{f-a_2}=\frac{a_2p_1\mathrm{e}^{q_1}-a_1p_2\mathrm{e}^{q_2}+(a_1-a_2)p_1p_2\mathrm{e}^{q_1+q_2}}{(a_2-a_1)(1-p_1\mathrm{e}^{q_1})}.$$

则类似情况 2.1 中的方法，可以推出类似的矛盾.

子情况 2.3：$r_3>\max\{r_1,\ r_2\}$. 类似情况 2.1 中的方法，可以推出类似的矛盾.

子情况 2.4：$r_1=r_2=r_3$. 由于 $A_d=r_1\mathrm{e}^{\mathrm{i}\theta_1}$，$B_d=r_2\mathrm{e}^{\mathrm{i}\theta_2}$，$A_d+B_d=r_3\mathrm{e}^{\mathrm{i}\theta_3}$，故 θ_1，θ_2和θ_3必然互不相同且满足

$$|\theta_j-\theta_k|\notin\{0,\ 2\pi\},\ 1\leqslant j<k\leqslant 3.$$

故可取 $\varphi_1=-\theta_1/d$ 和 $z=r\mathrm{e}^{\mathrm{i}\varphi_1}$，使得

$$\begin{aligned}A_dz^d=r_1r^d&>\max\{r_1\cos(\theta_2+d\varphi_2)r^d,r_1\cos(\theta_2+d\varphi_2)r^d\}\\&=\max\{\mathrm{Re}B_dz^d,\mathrm{Re}(A_d+B_d)z^d\}.\end{aligned}$$

由上面的不等式，类似情况 2.1 中的方法，可以推出类似的矛盾.

最后，利用类似情况 2.4 的讨论，可以证明 $r_1=r_2>r_3$，$r_1=r_3>r_2$，$r_2=r_3>r_1$ 等情况也不可能出现. 因此，总有$f(z)\equiv\Delta_\eta^nf(z)$成立.

□

定理 2.2.10 的证明. 利用反证法，假设 $f(z)\not\equiv\Delta_\eta^nf(z)$：$=F(z)$. 则由定理 1.2.3，有

$$T(r,F)=m(r,F)\leqslant m\left(r,\ \frac{F}{f}\right)+m(r,f)=T(r,f)+S(r,f),$$

故 $S(r,\ F)\leqslant S(r,\ f)$.

由于$f(z)$和 $F(z)$分担 a_1和 a_2 IM，应用第二基本定理，可得

$$\begin{aligned}T(r,f)&\leqslant\overline{N}\left(r,\ \frac{1}{f-a_1}\right)+\overline{N}\left(r,\ \frac{1}{f-a_2}\right)+S(r,f)\\&=\overline{N}\left(r,\ \frac{1}{F-a_1}\right)+\overline{N}\left(r,\ \frac{1}{F-a_2}\right)+S(r,f)\leqslant 2T(r,F)+S(r,f).\end{aligned}$$

因此，

$$T(r,F)\geqslant\frac{1}{2}T(r,f)+S(r,f). \tag{2.2.59}$$

由定理 1.2.4 和引理 2.2.7，容易得到

$$\begin{aligned}&m\left(r,\ \frac{1}{f-a_1}\right)+m\left(r,\ \frac{1}{f-a_2}\right)=m\left(r,\ \frac{1}{f-a_1}+\frac{1}{f-a_2}\right)+O(1)\\&\leqslant m\left(r,\ \frac{1}{F}\right)+m\left(r,\ \frac{F}{f-a_1}+\frac{F}{f-a_2}\right)+O(1)\leqslant m\left(r,\ \frac{1}{F}\right)+S(r,f).\end{aligned} \tag{2.2.60}$$

由假设 $\delta(a_1,\ f)+\delta(a_2,\ f)\geqslant\lambda$，可知

$$N\left(r,\ \frac{1}{f-a_1}\right)+N\left(r,\ \frac{1}{f-a_2}\right)\leqslant(2-\lambda)T(r,f)+S(r,f). \tag{2.2.61}$$

结合式(2.2.60)和式(2.2.61)，有

$$m\left(r,\frac{1}{F}\right)\geqslant 2T(r,f)-N\left(r,\frac{1}{f-a_1}\right)-N\left(r,\frac{1}{f-a_2}\right)+O(1) \quad (2.2.62)$$
$$\geqslant \lambda T(r,f)+S(r,f).$$

另一方面，由对数导数引理和引理 2.2.7，可得

$$\begin{aligned}&m\left(r,\frac{1}{F}\right)+m\left(r,\frac{1}{F-a_1}\right)+m\left(r,\frac{1}{F-a_2}\right)\\&=m\left(r,\frac{1}{F}+\frac{1}{F-a_1}+\frac{1}{F-a_2}\right)+O(1)\\&\leqslant m\left(r,\frac{F'}{F}+\frac{F'}{F-a_1}+\frac{F'}{F-a_2}\right)+m\left(r,\frac{1}{F'}\right)+O(1)\\&\leqslant m\left(r,\frac{1}{F'}\right)+S(r,f).\end{aligned} \quad (2.2.63)$$

再由 $f(z)$ 和 $F(z)$ 分担 a_1 和 a_2 IM，可得

$$\begin{aligned}&\overline{N}\left(r,\frac{1}{F-a_1}\right)+\overline{N}\left(r,\frac{1}{F-a_2}\right)\\&\leqslant \overline{N}\left(r,\frac{1}{f-F}\right)\leqslant T(r,f-F)=m(r,f-F)\\&\leqslant m\left(r,\frac{F}{f}\right)+m(r,f)\leqslant T(r,f)+S(r,f).\end{aligned} \quad (2.2.64)$$

由式(2.2.64)，进一步得到

$$\begin{aligned}&N\left(r,\frac{1}{F-a_1}\right)+N\left(r,\frac{1}{F-a_2}\right)\\&\leqslant \overline{N}\left(r,\frac{1}{F-a_1}\right)+\overline{N}\left(r,\frac{1}{F-a_2}\right)+N\left(r,\frac{1}{F'}\right)\\&\leqslant T(r,f)+N\left(r,\frac{1}{F'}\right)+S(r,f).\end{aligned} \quad (2.2.65)$$

结合式(2.2.63)和式(2.2.65)，有

$$\begin{aligned}&m\left(r,\frac{1}{F}\right)+2T(r,F)+O(1)\\&=m\left(r,\frac{1}{F}\right)+T\left(r,\frac{1}{F-a_1}\right)+T\left(r,\frac{1}{F-a_2}\right)\\&\leqslant T(r,f)+T\left(r,\frac{1}{F'}\right)+S(r,f)\\&\leqslant T(r,f)+T(r,F)+S(r,f).\end{aligned}$$

由于 $\lambda>\frac{1}{2}$，故由上式和式(2.2.62)即可得到

$$\begin{aligned}T(r,F)&\leqslant T(r,f)-m\left(r,\frac{1}{F}\right)+S(r,f)\\&\leqslant(1-\lambda)T(r,f)+S(r,f)<\frac{1}{2}T(r,f)+S(r,f).\end{aligned}$$

这与式(2.2.59)矛盾. 这就证明了$f(z)\equiv F(z)=\Delta_\eta^n f(z)$.

□

2.3 与其位移或差分分担一个小函数的整函数的唯一性

2.3.1 引言和主要结果

本节主要介绍关于与其位移或差分分担一个有限值的整函数的唯一性，即位移和差分形式的Brück猜想的研究成果. 首先回顾Li - Gao[71]的两个结果:

定理2.3.1([71]). 设$f(z)$为非常数整函数且级为$\rho(f)<\infty$，$\eta\in\mathbb{C}$. 若$f(z)$和$f(z+\eta)$分担有限复数a CM，且存在有限复数$b\neq a$，使得$f(z)-b$和$f(z+\eta)-b$有$\max\{1,[\rho(f)]-1\}$个重数$\geqslant 2$的不同的公共零点，则$f(z)\equiv f(z+\eta)$.

定理2.3.2([71]). $f(z)$为非常数整函数且级为$\rho(f)<\infty$，$\eta\in\mathbb{C}$，n为正整数. 若$f(z)$和$\Delta_\eta^n f(z)$分担有限复数a CM，且存在有限复数$b\neq a$，使得$f(z)-b$和$\Delta_\eta^n f(z)-b$有$\max\{1,[\rho(f)]\}$个重数$\geqslant 2$的不同的公共零点，则$f(z)\equiv\Delta_\eta^n f(z)$.

例2.3.1. 选取周期为1的周期整函数$g(z)$，满足$\rho(g)\in[1,\infty)\setminus\mathbb{N}$. 则对$a\neq b$，有

(1)$f_1(z)=e^{2\pi iz}g^2(z)$和$f_1(z+1)$满足定理2.3.1的条件，此时$f_1(z)\equiv f_1(z+1)$;

(2)$f_2(z)=e^{z\log 2}g^2(z)$和$\Delta f_2(z)$满足定理2.3.2的条件，此时$f_2(z)\equiv\Delta f_2(z)$.

此后，Li - Chen[67]考虑了更一般的情况，得到了以下结果.

定理2.3.3([67]). 设$f(z)$为非常数亚纯函数且级为$\rho(f)$，$L(z,f)$为$f(z)$的差分多项式，a，$b\in S(f)$为两个不同的亚纯函数. 若$f(z)$和$L(z,f)$分担a，∞ CM，且$f(z)-b$和$L(z,f)-b$有$m=\max\{1,[\rho(f)]\}$个重数$\geqslant 2$的不同的公共零点，记为z_1，z_2，…，z_m，满足$a(z_i)\neq b(z_i)$，则$f(z)\equiv L(z,f)$.

例2.3.2. 设$f(z)=g^2(z)e^{z\log 3}$且$L(z,f)=\Delta f(z)-f(z)=f(z+1)-2f(z)$，其中，$g(z)$是周期为1的周期整函数满足$\rho(g)\in(1,\infty)\setminus\mathbb{N}$. 则对任意取定的非零函数$a\in S(f)$和$b=0$，$f(z)$和$L(z,f)$满足定理2.3.3.

对亚纯函数的幂$F(z)=f^n(z)$，Chen - Chen - Li[10]证明了以下结果. 它可视为Yang - Zhang[105]中定理4.3的差分模拟.

定理2.3.4([10]). 设$f(z)$为非常数有限级亚纯函数，$n\geqslant 9$为整数. 又设$F(z)=f^n(z)$. 若$F(z)$和$\Delta_c F$分担1，∞ CM，则$F(z)\equiv\Delta_c F$.

对整函数的情况，应用与定理2.3.4类似的证明方法，可以得到下面的结论.

定理2.3.5([10]). 设$f(z)$为非常数有限级整函数，$n\geqslant 6$为整数. 又设$F(z)=f^n(z)$. 若$F(z)$和$\Delta_c F$分担1 CM，则$F(z)\equiv\Delta_c F$.

例2.3.3. 下面的(1)满足定理2.3.4，而(2)满足定理2.3.4和定理2.3.5.

(1)设$f(z)=e^{\frac{z}{9}\log 2}/\sin(2\pi z)$，$n=9$，$c=1$. 可以看出，$F(z)=f^n(z)=e^{z\log 2}/\sin^9(2\pi z)$和$\Delta_c F(z)=F(z+c)-F(z)=e^{z\log 2}/\sin^9(2\pi z)$分担1，$\infty$ CM. 显然，我们有$F(z)\equiv\Delta_c F$.

(2) 设 $f(z)=2^{\frac{1}{9}}e^z$，$n=9$，$c=\frac{1}{9}\log 2$. 可以看出，$F(z)=f^n(z)=2e^{9z}$ 和 $\Delta_c F(z)=F(z+c)-F(z)=2e^{9z}$ 分担 1 CM. 显然，我们有 $F(z)\equiv\Delta_c F$.

注. 我们目前还不清楚定理 2.3.4 和定理 2.3.5 中 n 的下界是否精确.

2018 年，Chen－Li－Chai[13] 通过考虑 $\Delta_c^m f(z)$ 的取值情况，证明了下面的定理 2.3.6～定理 2.3.8. 这些结果是定理 1.3.8 和定理 1.3.9 的差分模拟.

定理 2.3.6([13]). 设 $f(z)$ 非常数整函数满足超级 $\rho_2(f)<1$，$a(\neq 0)$ 为有限常数，m 为正整数. 若

$$m\left(r,\frac{1}{f(z)-a}\right)=S(r,f), \tag{2.3.1}$$

$f(z)$ 和 $\Delta_c f(z)$ 分担 a CM 且

$$f(z)=a\rightarrow\Delta_c^m f(z)=a,$$

则

$$\Delta_c^{m-1}f(z)=f(z)-a+\frac{a}{\varphi}, \tag{2.3.2}$$

其中，φ 为常数，满足 $\varphi^{m-1}=1$.

定理 2.3.7([13]). 设 $f(z)$ 非常数整函数满足超级 $\rho_2(f)<1$，$a(\neq 0)$ 为有限常数，m 和 n 为正整数，满足 $m>n>1$. 若 $f(z)$ 和 $\Delta_c f(z)$ 分担 a CM 且

$$f(z)=a\rightarrow\Delta_c^m f(z)=\Delta_\eta^n f(z)=a,$$

则 $\Delta_\eta^n f(z)\equiv\Delta_c^m f(z)$.

例 2.3.4. 设 $f(z)=e^{\frac{1}{4}\left(\frac{\pi}{2}i+\ln 2\right)z}-1+i$，则 $\Delta_2 f\equiv\Delta_2^5 f\equiv\Delta_2^9 f=ie^{\frac{1}{4}\left(\frac{\pi}{2}i+\ln 2\right)z}$. 此时 $f(z)$ 和 $\Delta_2 f$ 分担 i CM，且 $f(z)=i\rightarrow\Delta_2^5 f=\Delta_2^9 f=i$，但是 $f(z)\not\equiv\Delta_2 f\equiv\Delta_2^5 f\equiv\Delta_2^9 f$. 这个例子表明定理 2.3.7 的结论 $\Delta_c^n f\equiv\Delta_c^m f$ 不能直接改为 $f(z)\equiv\Delta_c f$.

注. (1) 在上述例子中，我们发现

$$\Delta_2^4 f\equiv\Delta_2^8 f=e^{\frac{1}{4}\left(\frac{\pi}{2}i+\ln 2\right)z}=f(z)-i+1=f(z)-a+\frac{a}{i},$$

其中，$i^4=i^8=1$. 这表明定理 2.3.6 的定理仍然成立. 然而，$m(r,1/(f(z)-i))\neq S(r,f)$. 由此我们猜测定理 2.3.6 中的条件 (2.3.1) 可以适当减弱. 由此我们给出下面的定理 2.3.8.

(2) 在上述例子中，我们还发现 $\Delta_2 f\equiv\Delta_2^5 f\equiv\Delta_2^9 f$. 不过目前我们还不清楚定理 2.3.7 的结论 $\Delta_c^n f\equiv\Delta_c^m f$ 能不能改为 $\Delta_c^n f\equiv\Delta_c^m f\equiv\Delta_c f$.

定理 2.3.8([13]). 设 $f(z)$ 非常数整函数满足超级 $\rho_2(f)<1$，$a(\neq 0)$ 为有限常数，m 为正整数. 若 $f(z)$ 和 $\Delta_c f(z)$ 分担 a CM，

$$f(z)=a\rightarrow\Delta_c^m f(z)=a,$$

且

$$N\left(r,\frac{1}{f(z)-a}\right)\neq S(r,f)\text{ 且 }\overline{N}\left(r,\frac{f(z)-a}{\Delta_c^m f(z)-a}\right)=S(r,f), \tag{2.3.3}$$

则

$$\Delta_c^m f(z) = \Delta_c f(z). \tag{2.3.4}$$

特别地，$\Delta_c f(z)$ 具有以下形式

$$\Delta_c f(z) = e^{h(z)} f(z) + a(1 - e^{h(z)}),$$

其中，$h(z)$ 为整函数，满足 $T(r, e^{h(z)}) < T(r, f) + S(r, f)$.

2.3.2 本节所需的引理

引理 2.3.1([22]). 设 $f(z)$ 为有限 ρ 级亚纯函数，c 为非零复数，则对任意的 $\varepsilon > 0$，有

$$T(r, f(z+c)) = T(r, f) + O(r^{\rho-1+\varepsilon}) + O(\log r).$$

引理 2.3.2. 设 $c \in \mathbb{C}$，$n \in \mathbb{N}$，$a_0 \in \mathbb{C} \setminus \{0\}$，$h(z)$ 为有限级整函数. 再设 $L(z, h)$ 为关于 $h(z)$ 和它的位移的次数 $\deg L(z, h) \leqslant n$ 的多项式，且 $L(z, h)$ 的系数均为 $h(z)$ 的小函数. 若

$$a_0 h(z+(n+1)c) \cdot h(z+nc) \cdots h(z+c) + L(z, h) \equiv 0, \tag{2.3.5}$$

则 $h(z)$ 必为常数.

证明. 若 $h(z)$ 为超越整函数，将式(2.3.5)改写成

$$(a_0 h(z+(n+1)) \cdot h(z+nc) \cdots h(z+2c)) \cdot h(z+c) \equiv -L(z, h).$$

则由定理 1.2.5 和引理 2.3.1，可得

$$T(r, h(z)) = T(r, h(z+c)) + S(r, h) = m(r, h(z+c)) + S(r, h) = S(r, h),$$

矛盾.

若 $h(z)$ 为非常数多项式，满足 $p \geqslant 1$，考虑式(2.3.5)两边的次数，可得另一个矛盾 $p(n+1) \leqslant pn$. 这就证明了 $h(z)$ 为常数.

引理 2.3.3([105]). 设 $f_j(z)$ $(j=1, 2, 3)$ 为亚纯函数且满足

$$\sum_{j=1}^{3} f_j(z) \equiv 1.$$

若 $f_1(z)$ 不为常数，且

$$\sum_{j=1}^{3} N_2\left(r, \frac{1}{f_j}\right) + \sum_{j=1}^{3} \overline{N}(r, f_j) < (\lambda + o(1)) T(r), \ r \in I,$$

其中，$0 \leqslant \lambda < 1$, $T(r) = \max\limits_{1 \leqslant j \leqslant 3} \{T(r, f_j)\}$，且 I 具有无穷线测度，则 $f_2(z) \equiv 1$ 或 $f_3(z) \equiv 1$.

2.3.3 本节定理的证明

定理 2.3.3 的证明. 由于 $f(z)$ 和 $L(z, f)$ 分担 a CM，故

$$\frac{L(z, f) - a}{f(z) - a} = e^p, \tag{2.3.6}$$

其中，p 为多项式满足 $\deg p(z) \leqslant \max\{1, [\rho(f)]\} = m$.

由式(2.3.6)可得

$$L'(z, f) - a' = (f'(z) - a')e^p + p'(f(z) - a)e^p. \tag{2.3.7}$$

对每一个满足定理 2.3.3 条件的 z_i，$1 \leqslant i \leqslant m$，有

$$f(z_i) = L(z_i, f) = b(z_i) \neq a(z_i),$$

以及

$$f'(z_i)-b'(z_i)=L'(z_i,f)-b'(z_i)=0. \tag{2.3.8}$$

结合式(2.3.7)和式(2.3.8)，可知 $e^{p(z_i)}=1$. 再由式(2.3.7)和式(2.3.8)得到 $p'(z_i)=0$. 由定理的条件可知，$p'(z)$具有至少 m 个零点. 这要求 $p'(z)\equiv 0$. 因此，

$$L(z,f)-a=c(f(z)-a), \tag{2.3.9}$$

其中，c 为非零常数.

对满足 $L(z_1,f)=f(z_1)=b(z_1)\neq a(z_1)$的点 z_1，由式(2.3.9)可得 $c=1$. 由此即证$f(z)\equiv L(z, f)$.

□

定理 2.3.4 的证明. 由于$f(z)$为非常数有限级亚纯函数，故 $F(z)=f^n(z)$也为非常数有限级亚纯函数. 由引理2.3.1 知，

$$T(r,F(z+c))=nT(r,f(z+c))=nT(r,f)+S(r,f). \tag{2.3.10}$$

由式(2.3.10)容易看出，$F(z+c)$和 $\Delta_c F$ 为有限级亚纯函数，且

$$S(r,F(z+c))=S(r,F(z))=S(r,f).$$

令 $\omega=e^{\frac{2\pi i}{n}}$. 由第二基本定理的普遍形式(定理1.1.6)，得到

$$\begin{aligned}
m\left(r,\frac{1}{F(z)-1}\right)&=m\left(r,\frac{1}{(f(z)-\omega^0)(f(z)-\omega^1)\cdots(f(z)-\omega^{n-1})}\right)\\
&\leqslant \sum_{j=0}^{n-1} m\left(r,\frac{1}{f(z)-\omega^j}\right)\\
&\leqslant 2T(r,f)-m(r,f)-\left(2N(r,f)-N(r,f')+N\left(r,\frac{1}{f'}\right)\right)+S(r,f)\\
&\leqslant T(r,f)+\left(N(r,f')-N(r,f)-N\left(r,\frac{1}{f'}\right)\right)+S(r,f)\\
&\leqslant T(r,f)+\overline{N}(r,f)-N\left(r,\frac{1}{f'}\right)+S(r,f)\\
&\leqslant 2T(r,f)+S(r,f).
\end{aligned} \tag{2.3.11}$$

由于 $F(z)$和 $\Delta_c F$ 分担1，∞ CM，故有

$$\frac{F(z)-1}{\Delta_c F-1}=e^{h(z)}, \tag{2.3.12}$$

其中，$h(z)$为多项式.

再由式(2.3.11)和式(2.3.12)，我们得到

$$\begin{aligned}
T(r,e^{h(z)})&=T(r,e^{-h(z)})+O(1)=m(r,e^{-h(z)})+O(1)\\
&=m\left(r,\frac{\Delta_c F-1}{F(z)-1}\right)+O(1)\\
&\leqslant m\left(r,\frac{\Delta_c F}{F(z)-1}\right)+m\left(r,\frac{1}{F(z)-1}\right)+O(1)\\
&\leqslant S(r,F(z))+2T(r,f)+S(r,f)=2T(r,f)+S(r,f).
\end{aligned} \tag{2.3.13}$$

因此，$S(r, e^{h(z)})=o(T(r, f))$.

现将式(2.3.12)写成如下形式

$$F(z+c)-(e^{h(z)}+1)e^{-h(z)}F(z)+e^{-h(z)}\equiv 1. \tag{2.3.14}$$

令 $F_1(z)=F(z+c)$，$F_2(z)=-(e^{h(z)}+1)e^{-h(z)}F(z)$，$F_3(z)=e^{-h(z)}$. 则有

$$F_1(z)+F_2(z)+F_3(z)\equiv 1,$$

和

$$T(r)=\max_{1\leqslant j\leqslant 3}\{T(r,F_j)\}\geqslant T(r,F(z+c))=nT(r,f)+S(r,f),$$
$$S(r)=o(T(r)).$$

容易得到

$$\overline{N}(r,F_2)=\overline{N}(r,f)\leqslant T(r,f)+S(r,f),$$
$$\overline{N}(r,F_3)=0,\ N_2\left(r,\frac{1}{F_3}\right)=0. \tag{2.3.15}$$

由引理2.3.1，得到

$$\begin{aligned}\overline{N}(r,F_1)=\overline{N}(r,f(z+c))&\leqslant T(r,f(z+c))+S(r,f(z+c))\\&=T(r,f)+S(r,f),\end{aligned} \tag{2.3.16}$$

以及

$$\begin{aligned}N_2\left(r,\frac{1}{F_1}\right)=2\,\overline{N}\left(r,\frac{1}{F_1}\right)=2\,\overline{N}\left(r,\frac{1}{f(z+c)}\right)&\leqslant 2T\left(r,\frac{1}{f(z+c)}\right)\\&=2T(r,f)+S(r,f).\end{aligned} \tag{2.3.17}$$

由式(2.3.13)，我们得到

$$\begin{aligned}N_2\left(r,\frac{1}{F_2}\right)&\leqslant 2\,\overline{N}\left(r,\frac{1}{F}\right)+N\left(r,\frac{1}{e^{h(z)}+1}\right)\\&\leqslant 2\,\overline{N}\left(r,\frac{1}{f}\right)+T(r,e^{h(z)})+S(r,e^{h(z)})+O(1)\\&\leqslant 4T(r,f)+S(r,f).\end{aligned} \tag{2.3.18}$$

结合式(2.3.15)～式(2.3.18)，得到

$$\sum_{j=1}^{3}N_2\left(r,\frac{1}{F_j}\right)+\sum_{j=1}^{3}\overline{N}(r,F_j)\leqslant 8T(r,f)+S(r,f)\leqslant\frac{8}{n}T(r)+S(r).$$

注意到 $n\geqslant 9$，由引理2.3.3，得到 $F_2(z)\equiv 1$ 或 $F_3(z)\equiv 1$.

若 $F_3(z)\equiv 1$，则有 $e^{h(z)}\equiv 1$. 由式(2.3.12)，结论成立.

若 $F_2(z)\equiv 1$，则有 $F(z)\equiv-\dfrac{e^{h(z)}}{e^{h(z)}+1}$. 再由式(2.3.13)，我们得到

$$nT(r,f)=T(r,F)=T\left(r,-\frac{e^{h(z)}}{e^{h(z)}+1}\right)=T(r,e^{h(z)})+O(1)\leqslant 2T(r,f)+S(r,f),$$

这与 $n\geqslant 9$ 的条件矛盾，定理2.3.4证毕.

□

定理2.3.6的证明. 记

$$\varphi(z)=\frac{\Delta_c f(z)-a}{f(z)-a}. \tag{2.3.19}$$

由于$f(z)$和$\Delta_c f(z)$分担 a CM，故 $\varphi(z)$为整函数. 由式(2.3.1)，式(2.3.19)和定理 1.2.3，可得

$$\begin{aligned}T(r,\varphi(z))&=m(r,\varphi(z))\\&\leqslant m\left(r,\frac{\Delta_c f(z)}{f(z)-a}\right)+m\left(r,\frac{a}{f(z)-a}\right)=S(r,f).\end{aligned} \tag{2.3.20}$$

将 $\Delta_c f(z)$写成

$$\Delta_c f(z)=\varphi(z)f(z)+a(1-\varphi(z))=u_1(z)f(z)+v_1(z), \tag{2.3.21}$$

其中，$u_1(z)=\varphi(z)$，$v_1(z)=a(1-\varphi(z))$. 则由式(2.3.21)，可得

$$\begin{aligned}\Delta_c^2 f(z)&=u_1(z+c)\Delta_c f(z)+\Delta_c u_1(z)f(z)+\Delta_c v_1(z)\\&=(u_1(z+c)u_1(z)+\Delta_c u_1(z))f(z)+(u_1(z+c)v_1(z)+\Delta_c v_1(z))\\&=u_2(z)f(z)+v_2(z),\end{aligned}$$

其中

$$\begin{aligned}u_2(z)&=u_1(z+c)u_1(z)+\Delta_c u_1(z),\\v_2(z)&=u_1(z+c)v_1(z)+\Delta_c v_1(z).\end{aligned}$$

因此，对$j=1$，2，…，有

$$\Delta_c^j f(z)=u_j(z)f(z)+v_j(z)$$

和

$$\begin{aligned}\Delta_c^{j+1} f(z)&=u_j(z+c)\Delta_c f(z)+\Delta_c u_j(z)f(z)+\Delta_c v_j(z)\\&=u_{j+1}(z)f(z)+v_{j+1}(z),\end{aligned} \tag{2.3.22}$$

其中

$$u_{j+1}(z)=u_j(z+c)u_1(z)+\Delta_c u_j(z), \tag{2.3.23}$$

$$v_{j+1}(z)=u_j(z+c)v_1(z)+\Delta_c v_j(z). \tag{2.3.24}$$

注意到 $u_1(z)=\varphi(z)$和 $v_1(z)=a(1-\varphi(z))$. 反复应用式(2.3.23)和式(2.3.24)，不难发现，对$j=1$，2，…，

$$u_{j+1}(z)=\varphi(z+jc)\cdots\varphi(z+c)\varphi(z)+U_j(z,\varphi(z)), \tag{2.3.25}$$

$$v_{j+1}(z)=-a\varphi(z+jc)\cdots\varphi(z+c)\varphi(z)+V_j(z,\varphi(z)), \tag{2.3.26}$$

其中，$U_j(z,\varphi(z))$和 $V_j(z,\varphi(z))$为关于 $\varphi(z)$和它的位移的多项式满足

$$\deg U_j(z,\varphi(z))\leqslant j\quad \deg V_j(z,\varphi(z))\leqslant j,$$

且 $U_j(z,\varphi(z))$和 $V_j(z,\varphi(z))$的系数均为常数. 显然，$u_{j+1}(z)$和 $v_{j+1}(z)$的最高次幂项为单项式.

下面我们将证明，对$j=1$，2，…，有

$$\begin{aligned}&au_{j+1}(z)+v_{j+1}(z)\\&=a\varphi(z+jc)\cdot\varphi(z+(j-1)c)\cdots\varphi(z+c)+W_{j-1}(z,\varphi(z))\end{aligned} \tag{2.3.27}$$

其中，$W_{j-1}(z,\varphi(z))$为关于 $\varphi(z)$和它的位移的多项式，满足 $\deg W_{j-1}(z,\varphi(z))\leqslant$

$j-1$，且 $W_{j-1}(z,\varphi(z))$ 的系数均为常数.

首先，由于 $u_1(z)=\varphi(z)$ 和 $v_1(z)=a(1-\varphi(z))$，故对 $j=1$，可得

$$\begin{aligned}au_2(z)+v_2(z)&=au_1(z+c)u_1(z)+a\Delta_c u_1(z)+u_1(z+c)v_1(z)+\Delta_c v_1(z)\\&=u_1(z+c)(au_1(z)+v_1(z))+\Delta_c(au_1(z)+v_1(z))=a\varphi(z+c).\end{aligned}$$

其次，假设

$$au_j(z)+v_j(z)=a\varphi(z+(j-1)c)\cdot\varphi(z+(j-2)c)\cdots\varphi(z+c)+W_{j-2}(z,\varphi(z)).$$

注意到 $au_j(z)+v_j(z)$ 是关于 $\varphi(z)$ 和它的位移的多项式，且次数 $\deg(au_j(z)+v_j(z))=j-1$，$\Delta_c(au_j(z)+v_j(z))$ 也是关于 $\varphi(z)$ 和它的位移的多项式，且次数 $\deg(\Delta_c(au_j(z)+v_j(z)))\leqslant j-1$. 因此，由式(2.3.23)，式(2.3.24)和上式，可以推出

$$\begin{aligned}au_{j+1}(z)+v_{j+1}(z)&=au_j(z+c)u_1(z)+a\Delta_c u_j(z)+u_i(z+c)v_1(z)+\Delta_c v_j(z)\\&=u_j(z+c)(au_1(z)+v_1(z))+\Delta_c(au_j(z)+v_j(z))\\&=au_j(z+c)+\Delta_c(au_j(z)+v_j(z)),\\&=a\varphi(z+jc)\cdot\varphi(z+(j-1)c)\cdots\varphi(z+c)+W_{j-1}(z,\varphi(z)).\end{aligned}$$

综上所述，我们证明了式(2.3.27)对 $j=1，2，\cdots$ 成立.

另一方面，由式(2.3.20)和式(2.3.25)可知，对 $j=1，2，\cdots$，有

$$T(r,u_{j+1}(z))\leqslant T(r,\varphi(z+jc))+\cdots+T(r,\varphi(z))+T(r,U_j(z,\varphi(z)))=S(r,f).$$

类似地，可得

$$T(r,v_{j+1}(z))=S(r,f).$$

由条件(2.3.1)，可得

$$\begin{aligned}N\left(r,\frac{1}{f(z)-a}\right)&=T(r,f)-m\left(r,\frac{1}{f(z)-a}\right)+O(1)\\&=T(r,f)+S(r,f),\end{aligned}\tag{2.3.28}$$

这表明 $f(z)-a$ 必有零点. 设 $z_k(k=1，2，\cdots)$ 为 $f(z)-a$ 的零点，重数为 $\tau(k)$. 由于 $f(z)=a\rightarrow\Delta_c^m f(z)=a$，故 $z_k(k=1，2，\cdots)$ 均为 $\Delta_c^m f(z)-a$ 的重数至少为 $\tau(k)$ 的零点. 由此和式(2.3.22)可知，对 $j=m-1$，总有

$$\Delta_c^m f(z)=u_m(z)f(z)+v_m(z),\tag{2.3.29}$$

进而

$$a=au_m(z_k)+v_m(z_k).$$

断言

$$a\equiv au_m(z)+v_m(z).\tag{2.3.30}$$

否则，$au_m(z)+v_m(z)-a\not\equiv 0$. 则由式(2.3.29)，可得

$$au_m(z)+v_m(z)-a=(\Delta_c^m f(z)-a)-u_m(z)(f(z)-a).$$

由前面的证明，可知 $z_k(k=1，2，\cdots)$ 为 $(\Delta_c^m f(z)-a)-u_m(z)(f(z)-a)$ 的零点，也是 $au_m(z)+v_m(z)-a$，的重数至少为 $\tau(k)$ 的零点. 又由于 $u_m(z)$ 和 $v_m(z)$ 都是 $f(z)$ 的小函数，故

$$N\left(r, \frac{1}{f(z)-a}\right) \leqslant N\left(r, \frac{1}{au_m(z)+v_m(z)-a}\right) \\ \leqslant T\left(r, \frac{1}{au_m(z)+v_m(z)-a}\right) = S(r,f), \tag{2.3.31}$$

与式(2.3.28)矛盾. 即证 $a \equiv au_m(z)+v_m(z)$.

注意到 $a \neq 0$. 对 $j=m-1$, 结合式(2.3.27)和式(2.3.30), 可得

$$a\varphi(z+(m-1)c)\cdot\varphi(z+(m-2)c)\cdots\varphi(z+c)+W_{m-2}(z, \varphi(z)) \equiv a.$$

则由引理 2.3.2 和上式, 易知 $\varphi(z)$ 为常数. 对 $j=1, 2, \cdots$, 由式(2.3.23)~式(2.3.26), 可得

$$u_{j+1}=\varphi^{j+1}, \ v_{j+1}=a\varphi^{j}(1-\varphi). \tag{2.3.32}$$

对 $j=m-1$, 将式(2.3.32)代入式(2.3.30)可得

$$\varphi^{m-1} \equiv 1. \tag{2.3.33}$$

对 $j=m-2$, 结合式(2.3.22), 式(2.3.32)和式(2.3.33), 可得

$$\Delta_c^{m-1} f(z) = u_{m-1}(z)f(z)+v_{m-1}(z) = \varphi^{m-1}f(z)+a\varphi^{m-2}(1-\varphi), \\ = f(z)+a\cdot\frac{1}{\varphi}(1-\varphi) = f(z)-a+\frac{a}{\varphi}. \tag{2.3.34}$$

这就完成了 2.3.6 的证明.

□

定理 2.3.7 的证明. 利用反证法, 假设 $\Delta_c^n f(z) \not\equiv \Delta_c^m f(z)$. 记

$$\alpha(z) = \frac{\Delta_c^n f(z) - \Delta_c f(z)}{f(z)-a}, \tag{2.3.35}$$

$$\beta(z) = \frac{\Delta_c^m f(z) - \Delta_c f(z)}{f(z)-a}. \tag{2.3.36}$$

则 $\alpha(z) \not\equiv \beta(z)$. 设 $z_k(k=1, 2, \cdots)$ 为 $f(z)-a$ 的零点, 重数为 $\tau(k)$. 由定理条件可知, $z_k(k=1, 2, \cdots)$ 为 $\Delta_c^n f(z)-\Delta_c f(z)$ 和 $\Delta_c^m f(z)-\Delta_c f(z)$ 的重数至少为 $\tau(k)$ 的零点, 因此 $\alpha(z)$ 和 $\beta(z)$ 均为整函数. 应用定理 1.2.4, 可得

$$T(r,\alpha(z)) = m(r,\alpha(z)) \leqslant m\left(r, \frac{\Delta_c^n f(z)}{f(z)-a}\right) + m\left(\frac{\Delta_c f(z)}{f(z)-a}\right) = S(r,f).$$

类似可得

$$T(r,\beta(z)) = S(r,f).$$

若 $\alpha(z) \not\equiv 0$, 则由式(2.3.35)和定理 1.2.3, 可得

$$\begin{aligned} T(r,f) = m(r,f) &= m\left(r, \frac{\Delta_c^n f(z)-\Delta_c f(z)}{\alpha(z)}+a\right) \\ &\leqslant m(r,\Delta_c^n f(z)-\Delta_c f(z)) + S(r,f) \\ &\leqslant m\left(r, \frac{\Delta_c^n f(z)}{\Delta_c f(z)}-1\right) + m(r,\Delta_c f(z)) + S(r,f) \\ &= T(r,\Delta_c f(z)) + S(r,f) + S(r,\Delta_c f(z)). \end{aligned}$$

另一方面，不难得到

$$T(r,\Delta_c f(z))=m(r,\Delta_c f(z))\leqslant m\left(r,\frac{\Delta_c f(z)}{f(z)}\right)+m(r,f)+S(r,f)$$
$$\leqslant T(r,f)+S(r,f).$$

结合上面两个不等式，可得

$$T(r,\Delta_c f(z))=T(r,f)+S(r,f) \tag{2.3.37}$$

和 $S(r,\Delta_c f(z))=S(r,f)$.

由式(2.3.35)和式(2.3.36)，可得

$$\Delta_c f(z)=\frac{\alpha\Delta_c^m f(z)-\beta\Delta_c^n f(z)}{\alpha-\beta}.$$

注意到 $m>n>1$ 和 $a\neq0$，由上述等式和定理 1.2.3，可得

$$\begin{aligned}m\left(r,\frac{1}{\Delta_c f(z)-a}\right)&\leqslant m\left(r,1-\frac{\Delta_c f(z)}{\Delta_c f(z)-a}\right)+O(1)\\&\leqslant m\left(r,\frac{\Delta_c f(z)}{\Delta_c f(z)-a}\right)+O(1)\\&=m\left(r,\frac{\alpha\Delta_c^m f(z)-\beta\Delta_c^n f(z)}{(\alpha-\beta)(\Delta_c f(z)-a)}\right)+O(1)\\&\leqslant m\left(r,\frac{\Delta_c^m f(z)}{\Delta_c f(z)-a}\right)+m\left(r,\frac{\Delta_c^n f(z)}{\Delta_c f(z)-a}\right)+O(1)\\&=S(r,f).\end{aligned} \tag{2.3.38}$$

由于 $f(z)$ 和 $\Delta_c f(z)$ 分担 a CM，由式(2.3.37)和式(2.3.38)，故我们可以得到

$$\begin{aligned}m\left(r,\frac{1}{f(z)-a}\right)&=T\left(r,\frac{1}{f(z)-a}\right)-N\left(r,\frac{1}{f(z)-a}\right)\\&=T(r,f(z))-N\left(r,\frac{1}{\Delta_c f(z)-a}\right)+O(1)\\&=T(r,\Delta_c f(z))-N\left(r,\frac{1}{\Delta_c f(z)-a}\right)+S(r,f)\\&=m\left(r,\frac{1}{\Delta_c f(z)-a}\right)+S(r,f)=S(r,f).\end{aligned} \tag{2.3.39}$$

应用定理 2.3.6，可知，存在常数 φ_1 满足 $\varphi_1^{n-1}=1$ 使得

$$\Delta_c^{n-1} f(z)=f(z)-a+\frac{a}{\varphi_1}.$$

这就给出 $\Delta_c^n f(z)\equiv\Delta_c f(z)$，与 $\alpha(z)\not\equiv0$ 矛盾.

至此我们就证明了 $\alpha(z)\equiv0$. 又由于 $\alpha(z)\not\equiv\beta(z)$，故 $\beta(z)\not\equiv0$. 类似前面的证明，我们可以得到 $\Delta_c^m f(z)\equiv\Delta_c f(z)$. 这与 $\beta(z)\not\equiv0$ 矛盾. 因此，我们就证明了 $\Delta_c^n f(z)\equiv\Delta_c^m f(z)$.

□

定理 2.3.8 的证明. 记

$$\varphi(z)=\frac{\Delta_c f(z)-a}{f(z)-a},\ \psi(z)=\frac{\Delta_c^m f(z)-a}{f(z)-a}. \tag{2.3.40}$$

由于 $f(z)$ 和 $\Delta_c f(z)$ 分担 a CM，且当 $f(z)=a$ 时，$\Delta_c^m f(z)=a$，故 $\varphi(z)$ 和 $\psi(z)$ 是整函数且 $\varphi(z)$ 无零点.

设

$$\eta(z)=\varphi(z)-\psi(z)=\frac{\Delta_c f(z)-\Delta_c^m f(z)}{f(z)-a}. \tag{2.3.41}$$

则由式(2.3.41)和定理 1.2.3 可知

$$T(r,\eta(z))=m(r,\eta(z))=S(r,f). \tag{2.3.42}$$

若 $\eta(z)\equiv 0$，则 $\Delta_c^m f(z)\equiv\Delta_c f(z)$.

若 $\eta(z)\not\equiv 0$，则由式(2.3.42)易得，

$$\frac{\varphi(z)}{\eta(z)}-\frac{\psi(z)}{\eta(z)}=1,$$

$\overline{N}(r,\ \eta(z))=0$ 和 $\overline{N}(r,\ 1/\eta(z))=S(r,\ f)$. 注意到 $\varphi(z)$ 无零点和极点，由第二基本定理和式(2.3.3)，可得

$$\begin{aligned}
&T\left(r,\ \frac{\varphi(z)}{\eta(z)}\right)\\
\leqslant&\overline{N}\left(r,\ \frac{\varphi(z)}{\eta(z)}\right)+\overline{N}\left(r,\ \frac{\eta(z)}{\varphi(z)}\right)+\overline{N}\left(r,\ \frac{1}{\varphi(z)/\eta(z)-1}\right)+S\left(r,\ \frac{\varphi(z)}{\eta(z)}\right)\\
=&\overline{N}\left(r,\ \frac{\varphi(z)}{\eta(z)}\right)+\overline{N}\left(r,\ \frac{\eta(z)}{\varphi(z)}\right)+\overline{N}\left(r,\ \frac{\eta(z)}{\psi(z)}\right)+S\left(r,\ \frac{\varphi(z)}{\eta(z)}\right)\\
\leqslant&\overline{N}\left(r,\ \frac{1}{\eta(z)}\right)+\overline{N}(r,\varphi(z))+\overline{N}\left(r,\ \frac{1}{\varphi(z)}\right)+2\,\overline{N}(r,\eta(z))+\\
&\overline{N}\left(r,\ \frac{1}{\psi(z)}\right)+S(r,f)\\
\leqslant&\overline{N}\left(r,\ \frac{f(z)-a}{\Delta_c^m f(z)-a}\right)+S(r,f)=S(r,f).
\end{aligned} \tag{2.3.43}$$

因此，由式(2.3.42)和式(2.3.43)，可知 $T(r,\ \varphi(z))=S(r,\ f)$. 则类似定理 2.3.6 的证明，可知除式(2.3.28)外，式(2.3.21)～式(2.3.34)都成立. 由于式(2.3.28)仅用于保证 $f(z)-a$ 有零点且与式(2.3.31)矛盾，故它可以用式(2.3.3)代替. 因此当 $\eta(z)\not\equiv 0$. 时，我们容易得到类似的矛盾. 进而有 $\Delta_c^m f(z)=\Delta_c f(z)$.

特别地，在式(2.3.40)中，$\varphi(z)$ 为整函数且无零点，故可记为 $\varphi(z)\equiv \mathrm{e}^{h(z)}$，其中，$h(z)$ 为整函数. 则可由式(2.3.40)得到

$$\Delta_c f(z)=\mathrm{e}^{h(z)}f(z)+a(1-\mathrm{e}^{h(z)}).$$

再由式(2.3.3)，式(2.3.40)和定理 1.2.4，可得

$$
\begin{aligned}
T(r,e^{h(z)}) &= m(r,e^{h(z)}) = m\left(r, \frac{\Delta_c f(z)-a}{f(z)-a}\right) \\
&\leqslant m\left(r, \frac{\Delta_c f(z)}{f(z)-a}\right) + m\left(r, \frac{1}{f(z)-a}\right) + O(1) \leqslant m\left(r, \frac{1}{f(z)-a}\right) + S(r,f) \\
&= T(r,f) - N\left(r, \frac{1}{f(z)-a}\right) + S(r,f) \\
&< T(r,f) + S(r,f).
\end{aligned}
$$

这就完成了定理 2. 3. 8 的证明.

□

2.4 与其两个位移或差分分担小函数的整函数的唯一性

2.4.1 引言和主要结果

本节考虑将 Jank - Mues - Volkmann[50]关于与其两个导数分担有限值的亚纯函数的唯一性结果(定理 1. 3. 8)推广到差分领域. 事实上，Chen - Chen - Li[9]最早考虑了这个问题，他们证明了下面的定理.

定理 2. 4. 1([9]). 设$f(z)$为非常数有限级整函数，$a(z)$($\neq 0$)为周期为 c 的整函数且为$f(z)$的小函数. 若$f(z)$，$\Delta_c f$和$\Delta_c^2 f$分担$a(z)$ CM，则$\Delta_c^2 f \equiv \Delta_c f$.

例 2. 4. 1. 设$f(z)=e^{z\ln 2}$，$c=1$. 可以看出，对任意的$a \in \mathbb{C}$，$\Delta_c f$和$\Delta_c^2 f$分担 a CM. 显然，我们有$\Delta_c^2 f \equiv \Delta_c f$. 这个例子满足定理 2. 4. 1.

注. 在上例中，容易看出$\Delta_c^2 f \equiv \Delta_c f \equiv f(z)$. 然而，目前还不清楚定理 2. 4. 1 中的结论$\Delta_c^2 f = \Delta_c f$能否用$\Delta_c f = f(z)$代替. 事实上，在试图找出满足定理 2. 4. 1 的结论$\Delta_c^2 f \equiv \Delta_c f$而不满足$\Delta_c f \equiv f(z)$的例子的过程中，得到了下面的例子.

例 2. 4. 2. 设$f(z)=e^{z\ln 2}-2$，$a=-1$，$b=1$，且$c=1$. 可以看出，$f(z)-a=e^{z\ln 2}-1$，$\Delta_c f - b = e^{z\ln 2}-1$，和$\Delta_c^2 f - b = e^{z\ln 2}-1$分担 0 CM. 显然，我们仍有$\Delta_c^2 f \equiv \Delta_c f$.

由上面的例子，Chen - Chen - Li[9]进一步考虑以下问题:

问题 2. 4. 1. 若$f(z)-a(z)$，$\Delta_c f - b(z)$和$\Delta_c^2 f - b(z)$分担 0 CM，其中，$a(z)$和$b(z)$为周期为 c 的整函数且为$f(z)$的小函数(不必互异)，则$f(z)$，$\Delta_c f$和$\Delta_c^2 f$会满足怎样的关系?

关于问题 2. 4. 1，Chen - Chen - Li[9]给出了下面的定理 2. 4. 2.

定理 2. 4. 2([9]). 设$f(z)$为非常数有限级整函数，$a(z)$，$b(z)$($\neq 0$)为周期为 c 的整函数且为$f(z)$的小函数. 若$f(z)-a(z)$，$\Delta_c f - b(z)$和$\Delta_c^2 f - b(z)$分担 0 CM，则$\Delta_c^2 f \equiv \Delta_c f$.

考虑将定理 2. 4. 2 中$f(z)$的差分换成$f(z)$的位移，可以得到以下的结论.

定理 2. 4. 3([9]). 设$f(z)$为非常数有限级整函数，$a(z)$，$b(z)$为互异的周期为 c 的整函数且为$f(z)$的小函数. 又设 n 和 m 为正整数，满足 $n>m$. 若$f(z)-a(z)$，$f(z+mc)-b(z)$和$f(z+nc)-b(z)$分担 0 CM，则$f(z+mc) \equiv f(z+nc)$.

例 2. 4. 3. 设$f(z)=\sin z+1$，$a=0$，$b=2$，且$c=\pi$. 可以看出，$f(z)-a=\sin z+$

1，$f(z+c)-b=-\sin z-1$，和$f(z+3c)-b=-\sin z-1$分担0 CM. 显然，我们有$f(z+c)\equiv f(z+3c)$. 这个例子满足定理2.4.3.

例2.4.4. 设$f(z)=e^{z^2}+a(z)$，其中，$a(z)$为周期为1的整函数且为$f(z)$的小函数. 我们看到$f(z)-a(z)=e^{z^2}$，$f(z+1)-a(z)=e^{(z+1)^2}$和$f(z+3)-a(z)=e^{(z+3)^2}$分担0 CM. 然而，$f(z+c)\not\equiv f(z+3c)$. 这个例子表明定理2.4.3中$a(z)$和$b(z)$互异的条件不能去掉.

最近，Chen－Li[12]推广了定理2.4.1，得到以下结果.

定理2.4.4([12]). 设$f(z)$为非常数有限级整函数，$a(z)(\not\equiv 0)$为周期为c的整函数且为$f(z)$的小函数. 若$f(z)$，$\Delta_c f$和$\Delta_c^n f(n\geq 2)$分担$a(z)$ CM，则$\Delta_c^n f\equiv\Delta_c f$.

例2.4.5. (1)设$f(z)=e^{\left(\frac{\pi}{2}i+\ln\sqrt{2}\right)z}+1+i$，则$\Delta f\equiv\Delta^5 f=ie^{\left(\frac{\pi}{4}i+\ln\sqrt{2}\right)z}$，因此$f(z)$，$\Delta f$和$\Delta^5 f$分担1 CM，但是$f(z)\not\equiv\Delta f$. 这个例子表明，定理2.4.4中的结论$\Delta_c^n f\equiv\Delta_c f$不能直接改为$f(z)\equiv\Delta_c f$.

(2)设$f(z)=e^{z\ln 3}$，则$\Delta f\equiv 2f(z)$，$\Delta^n f\equiv 2^n f(z)$，因此$f(z)$，$\Delta f$和$\Delta^n f$分担0 CM，但是$\Delta^n f\equiv 2^{n-1}\Delta f\not\equiv\Delta f(n\geq 2)$. 这个例子表明，定理2.4.4中的限制条件$a(z)\not\equiv 0$是必须的.

注. 在例2.4.5(1)中，将$f(z)=e^{\left(\frac{\pi}{4}i+\ln\sqrt{2}\right)z}+1+i$改为$f(z)=g(z)e^{\left(\frac{\pi}{4}i+\ln\sqrt{2}\right)z}+1+i$，结论仍成立，其中，$g(z)$是任意取定的周期为1的亚纯函数. 这表明在定理2.4.4中，$f(z)$的级不一定是1.

定理2.4.5([12]). 设$f(z)$为非常数有限级整函数. 若$f(z)$，$\Delta_c f$和$\Delta_c^n f(n\geq 2)$分担0 CM，则$\Delta_c^n f\equiv C\Delta_c f$，其中，$C$为非零常数.

注. 定理2.4.1的证明包含在定理2.4.3的证明中，且与定理2.4.2的证明类似，读者也可以直接参考[9]. 本节将依次给出定理2.4.2，定理2.4.3和定理2.4.5的证明.

最后，我们考虑以下问题:

问题2.4.2. 关于与其差分算子分担两个有限值IM的整函数的唯一性，有什么结论?

Li－Wang[75]得到了以下结果.

定理2.4.6([75]). 设$f(z)$为非常数整函数满足且超级$\rho_2(f)<1$，a_1和a_2为不同常数，m，n为正整数，满足$m>n$. 若$f(z)$，$\Delta_c^n f$和$\Delta_c^m f$分担a_1,a_2 IM，则$f(z)\equiv\Delta_c^n f$或$\Delta_c^n f\equiv\Delta_c^m f$.

推论2.4.1([75]). 设$f(z)$为非常数整函数满足且超级$\rho_2(f)<1$，a_1和a_2为不同常数，m，n为正整数，满足$m=kn$，其中，$k\geq 2$. 若$f(z)$，$\Delta_c^n f$和$\Delta_c^m f$分担a_1，a_2 IM，则$\Delta_c^n f\equiv\Delta_c^m f$.

注. 目前，我们还没有找到例子，满足$f(z)$，$\Delta_c^n f$和$\Delta_c^m f$分担a_1，a_2 IM，但$f(z)\not\equiv\Delta_c^n f\equiv\Delta_c^m f$. 因此，Li－Wang[75]提出以下猜想.

猜想 2.4.1. 设$f(z)$为非常数整函数满足且超级$\rho_2(f)<1$，la_1和a_2为不同常数，m，n为正整数，满足$m>n$. 若$f(z)$，$\Delta_c^n f$和$\Delta_c^m f$分担a_1, a_2 IM，则$f(z)\equiv\Delta_c^n f\equiv\Delta_c^m f$.

2.4.2 本节所需的引理

引理 2.4.1([103]). 设$f_j(z)(j=1,2,\cdots,n)$和$g_j(z)(j=1,2,\cdots,n)(n\geqslant 2)$为整函数，满足

(i) $\sum_{j=1}^{n} f_j(z)\mathrm{e}^{g_j(z)}\equiv 0$；

(ii) 对$1\leqslant j\leqslant n$，$1\leqslant h<k\leqslant n$，$f_j$的级小于$\mathrm{e}^{g_h(z)-g_k(z)}$的级，

则$f_j(z)\equiv 0(j=1,\ 2,\ \cdots,\ n)$.

2.4.3 本节定理的证明

定理 2.4.2 的证明. 假设结论不成立，即有$\Delta_c^2 f\not\equiv\Delta_c f$. 注意到$f(z)$为非常数有限级整函数，由引理2.3.1，得到

$$T(r,\ \Delta_c f)\leqslant T(r,\ f(z+c))+T(r,\ f)+\log 2\leqslant 2T(r,\ f)+S(r,\ f),$$

$$\begin{aligned}T(r,\ \Delta_c^2 f)&\leqslant T(r,\ f(z+2c))+T(r,\ f(z+c))+T(r,\ f)+O(1)\\&\leqslant 3T(r,\ f)+S(r,\ f).\end{aligned}$$

容易看出，$\Delta_c f$和$\Delta_c^2 f$为有限级整函数.

由于$f(z)-a(z)$，$\Delta_c f-b(z)$和$\Delta_c^2 f-b(z)$分担0 CM，故有

$$\frac{\Delta_c^2 f-b(z)}{f(z)-a(z)}=\mathrm{e}^{\alpha(z)},\ \frac{\Delta_c f-b(z)}{f(z)-a(z)}=\mathrm{e}^{\beta(z)},\tag{2.4.1}$$

其中，$\alpha(z)$和$\beta(z)$为多项式.

令

$$\varphi(z)=\frac{\Delta_c^2 f-\Delta_c f}{f(z)-a(z)}.\tag{2.4.2}$$

由式(2.4.1)，得到$\varphi(z)=\mathrm{e}^{\alpha(z)}-\mathrm{e}^{\beta(z)}$. 根据假设以及式(2.4.2)，我们有$\varphi(z)\not\equiv 0$. 再由定理1.2.3，得到

$$\begin{aligned}T(r,\ \varphi)&=m(r,\ \varphi)\\&\leqslant m\left(r,\ \frac{\Delta_c^2 f}{f(z)-a(z)}\right)+m\left(r,\ \frac{\Delta_c f}{f(z)-a(z)}\right)+\log 2=S(r,\ f).\end{aligned}\tag{2.4.3}$$

注意到$\frac{\mathrm{e}^{\alpha}}{\varphi}-\frac{\mathrm{e}^{\beta}}{\varphi}=1$. 应用第二基本定理的较精确形式（见定理1.1.7)，再由式(2.4.3)，得到

$$\begin{aligned}T\left(r,\ \frac{\mathrm{e}^{\alpha}}{\varphi}\right)&\leqslant\overline{N}\left(r,\ \frac{\mathrm{e}^{\alpha}}{\varphi}\right)+\overline{N}\left(r,\ \frac{\varphi}{\mathrm{e}^{\alpha}}\right)+\overline{N}\left(r,\ \frac{1}{\mathrm{e}^{\alpha}/\varphi-1}\right)+S\left(r,\ \frac{\mathrm{e}^{\alpha}}{\varphi}\right)\\&=\overline{N}\left(r,\ \frac{\mathrm{e}^{\alpha}}{\varphi}\right)+\overline{N}\left(r,\ \frac{\varphi}{\mathrm{e}^{\alpha}}\right)+\overline{N}\left(r,\ \frac{\varphi}{\mathrm{e}^{\beta}}\right)+S\left(r,\ \frac{\mathrm{e}^{\alpha}}{\varphi}\right)\\&=S(r,\ f)+S\left(r,\ \frac{\mathrm{e}^{\alpha}}{\varphi}\right).\end{aligned}\tag{2.4.4}$$

因此，结合式（2.4.3）和式（2.4.4），得到 $T(r, e^{\alpha})=S(r, f)$. 同理可得，$T(r, e^{\beta})=S(r, f)$.

由式（2.4.1）左边的等式，我们有

$$\frac{b(z)}{f(z)-a(z)}=\frac{\Delta_c^2 f}{f(z)-a(z)}-e^{\alpha(z)}.$$

再由定理1.2.3，得到

$$\begin{aligned} m\left(r, \frac{1}{f(z)-a(z)}\right) &= m\left(r, \frac{1}{b(z)}\left(\frac{\Delta_c^2 f}{f(z)-a(z)}-e^{\alpha(z)}\right)\right) \\ &\leqslant m\left(r, \frac{\Delta_c^2 f}{f(z)-a(z)}\right)+m(r, e^{\alpha(z)})+S(r, f) \\ &= S(r, f). \end{aligned} \tag{2.4.5}$$

于是，由式（2.4.5）知

$$\begin{aligned} N\left(r, \frac{1}{f(z)-a(z)}\right) &= T(r, f)-m\left(r, \frac{1}{f(z)-a(z)}\right)+S(r, f) \\ &= T(r, f)+S(r, f). \end{aligned} \tag{2.4.6}$$

现将式（2.4.1）右边的等式写成 $\Delta_c f=e^{\beta(z)}(f(z)-a(z))+b(z)$ 的形式．此时，我们得到

$$\begin{aligned} \Delta_c^2 f &= \Delta_c(e^{\beta(z)}(f(z)-a(z))+b(z)) \\ &= e^{\beta(z+c)}(f(z+c)-a(z+c))+b(z+c)-e^{\beta(z)}(f(z)-a(z))-b(z) \\ &= e^{\beta(z+c)}(f(z+c)-a(z))-e^{\beta(z)}(f(z)-a(z)). \end{aligned}$$

结合上式和式（2.4.1）左边的等式，得到

$$\begin{aligned} f(z+c) &= (e^{\alpha(z)-\beta(z+c)}+e^{\beta(z)-\beta(z+c)})f(z) \\ &\quad -a(z)(e^{\alpha(z)-\beta(z+c)}+e^{\beta(z)-\beta(z+c)}-1-e^{-\beta(z+c)}), \end{aligned}$$

即

$$\begin{aligned} \Delta_c f &= (e^{\alpha(z)-\beta(z+c)}+e^{\beta(z)-\beta(z+c)}-1)f(z) \\ &\quad -a(z)(e^{\alpha(z)-\beta(z+c)}+e^{\beta(z)-\beta(z+c)}-1-e^{-\beta(z+c)}). \end{aligned} \tag{2.4.7}$$

因此，式（2.4.7）可写成如下的形式

$$\Delta_c f=\gamma(z)f(z)+\delta(z),$$

其中

$$\begin{aligned} \gamma(z) &= e^{\alpha(z)-\beta(z+c)}+e^{\beta(z)-\beta(z+c)}-1, \\ \delta(z) &= -a(z)(e^{\alpha(z)-\beta(z+c)}+e^{\beta(z)-\beta(z+c)}-1-e^{-\beta(z+c)}) \\ &= -a(z)\gamma(z)+a(z)e^{-\beta(z+c)}, \end{aligned}$$

且满足 $T(r, \gamma)=S(r, f)$ 和 $T(r, \delta)=S(r, f)$.

现将 $\Delta_c f=\gamma(z)f(z)+\delta(z)$ 写成如下的形式

$$\Delta_c f-a(z)-\gamma(z)(f(z)-a(z))=\gamma(z)a(z)+\delta(z)-a(z). \tag{2.4.8}$$

假设 $\gamma(z)a(z)+\delta(z)-a(z)\neq 0$. 再设 z_0 为 $f(z)-a(z)$ 的任意一个零点且重级为 k. 由于 $f(z)-a(z)$，$\Delta_c f-b(z)$ 和 $\Delta_c^2 f-b(z)$ 分担0 CM，故 z_0 为 $\Delta_c f-b(z)$ 的零点且

重级为 k. 因此，z_0也为 $\Delta_c f-b(z)-\gamma(z)(f(z)-a(z))$的零点且重级至少为 k. 于是，由式（2.4.6）和式（2.4.8），
得到

$$\begin{aligned}N\left(r,\ \frac{1}{\gamma(z)a(z)+\delta(z)-a(z)}\right)&=N\left(r,\ \frac{1}{\Delta_c f-b(z)-\gamma(z)(f(z)-a(z))}\right)\\&\geqslant N\left(r,\ \frac{1}{f(z)-a(z)}\right)\\&=T(r,\ f)+S(r,\ f).\end{aligned}\tag{2.4.9}$$

另一方面，我们知道

$$N\left(r,\ \frac{1}{\gamma(z)a(z)+\delta(z)-a(z)}\right)\leqslant T\left(r,\ \frac{1}{\gamma(z)a(z)+\delta(z)-a(z)}\right)=S(r,\ f).\tag{2.4.10}$$

于是，结合式（2.4.9）和式（2.4.10），得到 $T(r,\ f)\leqslant S(r,\ f)$，这就得到矛盾.

因此，$\gamma(z)a(z)+\delta(z)-a(z)\equiv 0$. 注意到

$$\delta(z)=-a(z)\gamma(z)+a(z)\mathrm{e}^{-\beta(z+c)},$$

我们得到 $\mathrm{e}^{-\beta(z+c)}\equiv 1$. 由于 $\beta(z)$为多项式，故 $\mathrm{e}^{\beta(z)}\equiv\mathrm{e}^{\beta(z+c)}\equiv 1$.

再由式（2.4.1）右边的等式，得到 $\Delta_c f\equiv f$，从而 $\Delta_c^2 f\equiv\Delta_c f$，这与假设矛盾. 定理2.4.2 证毕.

□

定理 2.4.3 的证明. 假设结论不成立，即$f(z+mc)\not\equiv f(z+nc)$. 由于$f(z)-a(z)$，$f(z+mc)-b(z)$和$f(z+nc)-b(z)$分担 0 CM，故有

$$\frac{f(z+nc)-b(z)}{f(z)-a(z)}=\mathrm{e}^{\alpha(z)},\ \frac{f(z+mc)-b(z)}{f(z)-a(z)}=\mathrm{e}^{\beta(z)},\tag{2.4.11}$$

其中，$\alpha(z)$和$\beta(z)$为多项式.

由式（2.4.11）知，

$$\frac{f(z+nc)-f(z+mc)}{f(z)-a(z)}=\mathrm{e}^{\alpha(z)}-\mathrm{e}^{\beta(z)}.$$

令 $\psi(z)=\mathrm{e}^{\alpha(z)}-\mathrm{e}^{\beta(z)}$. 根据假设，我们有 $\psi(z)\not\equiv 0$. 再由定理1.2.2，得到

$$\begin{aligned}T(r,\ \psi)&=m\left(r,\ \frac{f(z+nc)-f(z+mc)}{f(z)-a(z)}\right)\\&\leqslant m\left(r,\ \frac{f(z+nc)-a(z+nc)}{f(z)-a(z)}\right)+m\left(r,\ \frac{f(z+mc)-a(z+mc)}{f(z)-a(z)}\right)+\log 2\\&=S(r,\ f).\end{aligned}$$

注意到

$$\frac{\mathrm{e}^{\alpha}}{\psi}-\frac{\mathrm{e}^{\beta}}{\psi}=1,$$

应用与定理 2.4.2 类似的证明方法，得到 $T(r,\ \mathrm{e}^{\alpha})=S(r,\ f)$和 $T(r,\ \mathrm{e}^{\beta})=S(r,\ f)$.

由定理 1.2.2 和式 (2.4.11) 左边的等式，我们得到

$$m\left(r,\ \frac{1}{f(z)-a(z)}\right)=m\left(r,\ \frac{1}{b(z)-a(z)}\left(\frac{f(z+nc)-a(z)}{f(z)-a(z)}-e^{\alpha(z)}\right)\right)$$
$$\leqslant m\left(r,\ \frac{f(z+nc)-a(z+nc)}{f(z)-a(z)}\right)+m(r,\ e^{\alpha})+S(r,\ f)$$
$$=S(r,\ f).\tag{2.4.12}$$

再由式 (2.4.12)，得到

$$N\left(r,\ \frac{1}{f(z)-a(z)}\right)=T(r,\ f)+S(r,\ f).\tag{2.4.13}$$

现将式 (2.4.11) 右边的等式写成 $f(z+mc)=e^{\beta(z)}(f(z)-a(z))+b(z)$ 的形式．此时，我们得到

$$f(z+nc)=e^{\beta(z+(n-m)c)}[f(z+(n-m)c)-a(z+(n-m)c)]+b(z+(n-m)c).$$

结合上式和式 (2.4.11) 左边的等式，得到

$$f(z+(n-m)c)=e^{\alpha(z)-\beta(z+(n-m)c)}f(z)-a(z)e^{\alpha(z)-\beta(z+(n-m)c)}+a(z+(n-m)c),$$

即

$$f(z+nc)=e^{\alpha(z+mc)-\beta(z+nc)}f(z+mc)-a(z+mc)e^{\alpha(z+mc)-\beta(z+nc)}+a(z+nc)$$
$$=e^{\alpha(z+mc)-\beta(z+nc)}f(z+mc)-a(z)e^{\alpha(z+mc)-\beta(z+nc)}+a(z).\tag{2.4.14}$$

现将式 (2.4.14) 写成如下的形式

$$f(z+nc)-b(z)-e^{\alpha(z+mc)-\beta(z+nc)}[f(z+mc)-b(z)]$$
$$=(b(z)-a(z))(e^{\alpha(z+mc)-\beta(z+nc)}-1).\tag{2.4.15}$$

若 $e^{\alpha(z+mc)-\beta(z+nc)}\equiv 1$，则由式 (2.4.15)，我们得到 $f(z+nc)=f(z+mc)$，这与假设矛盾．故 $e^{\alpha(z+mc)-\beta(z+nc)}-1\not\equiv 0$. 再应用与定理 2.4.2 类似的证明方法，可以得到矛盾．定理 2.4.3 证毕．

定理 2.4.5 的证明．利用反证法，假设 $\Delta_c^n f\not\equiv\Delta_c f$. 注意到 $f(z)$ 为非常数有限级整函数．由定理 1.2.3，对 $n\geqslant 2$，有

$$T(r,\ \Delta_c^n f)=m(r,\ \Delta_c^n f)\leqslant m\left(r,\ \frac{\Delta_c^n f}{f(z)}\right)+m(r,\ f)\leqslant T(r,\ f)+S(r,\ f).$$

类似地，可得

$$T(r,\ \Delta_c f)\leqslant T(r,\ f)+S(r,\ f).$$

由于 $f(z)$，$\Delta_c f$ 和 $\Delta_c^n f$ 分担 $a(z)$ CM，故

$$\frac{\Delta_c^n f-a(z)}{f(z)-a(z)}=e^{\alpha(z)},\tag{2.4.16}$$

和

$$\frac{\Delta_c f-a(z)}{f(z)-a(z)}=e^{\beta(z)},\tag{2.4.17}$$

其中，$\alpha(z)$ 和 $\beta(z)$ 为多项式．

记

$$\varphi(z)=\frac{\Delta_c^n f-\Delta_c f}{f(z)-a(z)}. \tag{2.4.18}$$

由式（2.4.17）和式（2.4.18），可知 $\varphi(z)=\mathrm{e}^{\alpha(z)}-\mathrm{e}^{\beta(z)}\not\equiv 0$. 应用定理 1.2.3，可以推出

$$\begin{aligned}T(r, \varphi)&=m(r, \varphi)\\&\leqslant m\left(r, \frac{\Delta_c^n f}{f(z)-a(z)}\right)+m\left(r, \frac{\Delta_c f}{f(z)-a(z)}\right)+S(r, f)=S(r, f).\end{aligned} \tag{2.4.19}$$

注意到

$$\frac{\mathrm{e}^{\alpha}}{\varphi}-\frac{\mathrm{e}^{\beta}}{\varphi}=1.$$

由第二基本定理和式（2.4.19），我们得到

$$\begin{aligned}T\left(r, \frac{\mathrm{e}^{\alpha}}{\varphi}\right)&\leqslant \overline{N}\left(r, \frac{\mathrm{e}^{\alpha}}{\varphi}\right)+\overline{N}\left(r, \frac{\varphi}{\mathrm{e}^{\alpha}}\right)+\overline{N}\left(r, \frac{1}{\mathrm{e}^{\alpha}/\varphi-1}\right)+S\left(r, \frac{\mathrm{e}^{\alpha}}{\varphi}\right)\\&=\overline{N}\left(r, \frac{\mathrm{e}^{\alpha}}{\varphi}\right)+\overline{N}\left(r, \frac{\varphi}{\mathrm{e}^{\alpha}}\right)+\overline{N}\left(r, \frac{\varphi}{\mathrm{e}^{\beta}}\right)+S\left(r, \frac{\mathrm{e}^{\alpha}}{\varphi}\right)\\&=S(r, f)+S\left(r, \frac{\mathrm{e}^{\alpha}}{\varphi}\right).\end{aligned} \tag{2.4.20}$$

因此，由式（2.4.19）和式（2.4.20），可得 $T(r, \mathrm{e}^{\alpha})=S(r, f)$. 类似地，还可得到 $T(r, \mathrm{e}^{\beta})=S(r, f)$.

下面分两步完成证明.

第一步. 假设 $\beta(z)$ 不是常数. 将式（2.4.17）写成

$$\Delta_c f=a_1(z)f(z)+b_1(z), \tag{2.4.21}$$

和

$$f(z+c)=a_0(z)f(z)+b_0(z), \tag{2.4.22}$$

其中

$$a_0(z)=\mathrm{e}^{\beta(z)}+1,\ a_1(z)=\mathrm{e}^{\beta(z)},\ b_0(z)=b_1(z)=a(z)(1-\mathrm{e}^{\beta(z)}).$$

经过简单计算可得

$$\begin{aligned}\Delta_c^2 f&=\Delta_c f(z+c)-\Delta_c f(z)\\&=a_1(z+c)f(z+c)+b_1(z+c)-a_1(z)f(z)-b_1(z)\\&=\mathrm{e}^{\beta(z+c)}f(z+c)+a(z+c)(1-\mathrm{e}^{\beta(z+c)})-\mathrm{e}^{\beta(z)}f(z)-a(z)(1-\mathrm{e}^{\beta(z)})\\&=\mathrm{e}^{\beta(z+c)}[(\mathrm{e}^{\beta(z)}+1)f(z)+a(z)(1-\mathrm{e}^{\beta(z)})]+a(z)(1-\mathrm{e}^{\beta(z+c)})\\&\quad-\mathrm{e}^{\beta(z)}f(z)-a(z)(1-\mathrm{e}^{\beta(z)})\\&=(\mathrm{e}^{\beta(z+c)+\beta(z)}+\mathrm{e}^{\beta(z+c)}-\mathrm{e}^{\beta(z)})f(z)+a(z)(\mathrm{e}^{\beta(z)}-\mathrm{e}^{\beta(z+c)+\beta(z)}),\end{aligned}$$

$$\begin{aligned}\Delta_c^3 f&=\Delta_c^2 f(z+c)-\Delta_c^2 f(z)\\&=(\mathrm{e}^{\beta(z+2c)+\beta(z+c)}+\mathrm{e}^{\beta(z+2c)}-\mathrm{e}^{\beta(z+c)})f(z+c)+a(z+c)(\mathrm{e}^{\beta(z+c)}-\mathrm{e}^{\beta(z+2c)+\beta(z+c)})-\\&\quad(\mathrm{e}^{\beta(z+c)+\beta(z)}+\mathrm{e}^{\beta(z+c)}-\mathrm{e}^{\beta(z)})f(z)-a(z)(\mathrm{e}^{\beta(z)}-\mathrm{e}^{\beta(z+c)+\beta(z)})\\&=(\mathrm{e}^{\beta(z+2c)+\beta(z+c)}+\mathrm{e}^{\beta(z+2c)}-\mathrm{e}^{\beta(z+c)})[(\mathrm{e}^{\beta(z)}+1)f(z)+a(z)(1-\mathrm{e}^{\beta(z)})]+a(z)(\mathrm{e}^{\beta(z+c)}-\end{aligned}$$

$$e^{\beta(z+2c)+\beta(z+c)})-(e^{\beta(z+c)+\beta(z)}+e^{\beta(z+c)}-e^{\beta(z)})f(z)-a(z)(e^{\beta(z)}-e^{\beta(z+c)+\beta(z)})$$
$$=(e^{\beta(z+2c)+\beta(z+c)+\beta(z)}+e^{\beta(z+2c)+\beta(z+c)}+e^{\beta(z+2c)+\beta(z)}-2e^{\beta(z+c)+\beta(z)})+e^{\beta(z+2c)}-2e^{\beta(z+c)}+$$
$$e^{\beta(z)})f(z)+a(z)(-e^{\beta(z+2c)+\beta(z+c)+\beta(z)}-e^{\beta(z+2c)+\beta(z)}+2e^{\beta(z+c)+\beta(z)}+e^{\beta(z+2c)}-e^{\beta(z)}).$$

也就是

$$\Delta_c^2 f=a_2(z)f(z)+b_2(z),\ \Delta_c^3 f=a_3(z)f(z)+b_3(z),\tag{2.4.23}$$

其中

$$a_2(z)=e^{\beta(z+c)+\beta(z)}+e^{\beta(z+c)}-e^{\beta(z)},$$
$$a_3(z)=e^{\beta(z+2c)+\beta(z+c)+\beta(z)}+e^{\beta(z+2c)+\beta(z+c)}+e^{\beta(z+2c)+\beta(z)}-2e^{\beta(z+c)+\beta(z)}+e^{\beta(z+2c)}-2e^{\beta(z+c)}+e^{\beta(z)},$$
$$b_2(z)=a(z)(e^{\beta(z)}-e^{\beta(z+c)+\beta(z)}),$$
$$b_3(z)=a(z)(-e^{\beta(z+2c)+\beta(z+c)+\beta(z)}-e^{\beta(z+2c)+\beta(z)}+2e^{\beta(z+c)+\beta(z)}+e^{\beta(z+2c)}-e^{\beta(z)}).$$

记 $\Omega=\{0,\ 1,\ \cdots,\ n-1\}$ 以及

$$P(\Omega)=\{\varnothing,\ \{0\},\ \{1\},\ \cdots,\ \{n-1\},\ \{0,\ 1\},\ \{0,\ 2\},\ \cdots,\ \Omega\},$$

其中，$\varnothing$为空集．由归纳法可得

$$\Delta_c^n f=a_n(z)f(z)+b_n(z),\tag{2.4.24}$$

其中

$$\begin{aligned}a_n(z)&=\sum_{A\in P(\Omega)\setminus\{\varnothing\}}\lambda_A\prod_{j\in A}e^{\beta(z+jc)}\\&=\lambda_{n,0}\prod_{j=0}^{n-1}e^{\beta(z+jc)}+\sum_{t=0}^{n-1}\lambda_{n-1,t}\prod_{j=0,j\neq t}^{n-1}e^{\beta(z+jc)}+\cdots+\sum_{t=0}^{n-1}\lambda_{1,t}e^{\beta(z+tc)},\\b_n(z)&=a(z)Q_n(e^{\beta(z)})\end{aligned}\tag{2.4.25}$$

A 为 $P(\Omega)$ 中的元素，λ_A和 $\lambda_{s,t}$均为非零常数，

$$s=1,2,\cdots,n,t=0,1,\cdots,C_n^s-1,\left(C_n^s=\frac{n!}{s!(n-s)!}\right).$$

特别地，$\lambda_{n,0}=1$，且

$$\sum_{t=0}^{n-1}\lambda_{1,t}e^{\beta(z+tc)}=\Delta_c^{n-1}e^{\beta(z)}.\tag{2.4.26}$$

$Q_n(e^{\beta(z)})$是关于 $e^{\beta(z)}$ 和它的位移 $e^{\beta(z+c)}$，$e^{\beta(z+2c)}$，$\cdots$，$e^{\beta(z+(n-1)c)}$ 的多项式．

记

$$\beta(z)=l_m z^m+l_{m-1}z^{m-1}+\cdots+l_0,$$

其中，l_m，$\cdots$，l_0为常数，满足 $l_m\neq0$ 且 $m\geqslant1$. 显然，对 $j=0$，1，$\cdots$，$n-1$，有

$$\beta(z+jc)=l_m z^m+(l_{m-1}+ml_m jc)z^{m-1}+\cdots+\sum_{k=0}^{m}l_k j^k c^k.$$

结合上式和式（2.4.25），可得

$$a_n(z)=e^{nl_m z^m+P_{n,0}(z)}+\lambda_{n-1,0}e^{(n-1)l_m z^m+P_{n-1,0}(z)}+\cdots+\lambda_{n-1,n-1}e^{(n-1)l_m z^m+P_{n-1,n-1}(z)}+\cdots+$$
$$\lambda_{1,0}e^{l_m z^m+P_{1,0}(z)}+\cdots+\lambda_{1,n-1}e^{l_m z^m+P_{1,n-1}(z)}.\tag{2.4.27}$$

其中，$P_{s,t}(z)$为次数不大于 m 的多项式，$s=1$，2，$\cdots$，n，$t=0$，1，$\cdots$，C_n^s-1.

将式（2.4.16）写成

$$\Delta_c^n f-e^{\alpha(z)}f(z)=a(z)(1-e^{\alpha(z)}).$$

结合上式和式 (2.4.24)，有

$$(a_n(z)-\mathrm{e}^{\alpha(z)})f(z)=a(z)(1-\mathrm{e}^{\alpha(z)})-b_n(z). \tag{2.4.28}$$

注意到 $a(z)\in S(f)$，$T(r,\ \mathrm{e}^{\alpha})=S(r,\ f)$ 以及 $T(r,\ \mathrm{e}^{\beta})=S(r,\ f)$. 若 $a_n(z)-\mathrm{e}^{\alpha(z)}\not\equiv 0$，则由式 (2.4.28)，可知

$$\begin{aligned}T(r,\ f)+S(r,\ f)&=T(r,\ (a_n(z)-\mathrm{e}^{\alpha(z)})f(z))\\&=T(r,\ a(z)(1-\mathrm{e}^{\alpha(z)})-b_n(z))=S(r,\ f).\end{aligned}$$

这是不可能的.

因此，$a_n(z)-\mathrm{e}^{\alpha(z)}\equiv 0$. 由此以及式 (2.4.27)，可得

$$\begin{aligned}&\mathrm{e}^{P_{n,0}(z)}\mathrm{e}^{l_m z^m}+(\lambda_{n-1,0}\mathrm{e}^{P_{n-1,0}(z)}+\cdots+\lambda_{n-1,n-1}\mathrm{e}^{P_{n-1,n-1}(z)})\mathrm{e}^{(n-1)l_m z^m}+\cdots+\\&(\lambda_{1,0}\mathrm{e}^{P_{1,0}(z)}+\cdots+\lambda_{1,n-1}\mathrm{e}^{P_{1,n-1}(z)})\mathrm{e}^{l_m z^m}-\mathrm{e}^{\alpha(z)}\equiv 0.\end{aligned} \tag{2.4.29}$$

下面讨论三种情况.

情况 1：$\deg\alpha(z)>m$. 对 $1\leqslant j\leqslant n$，我们得到

$$\rho(\mathrm{e}^{\alpha(z)-jl_m z^m})=\rho(\mathrm{e}^{\alpha(z)})=\deg\alpha(z)>m,$$

且对 $1\leqslant h<k\leqslant n$，有

$$\rho(\mathrm{e}^{hl_m z^m-kl_m z^m})=m. \tag{2.4.30}$$

由于 $P_{s,t}(z)$ 为次数不大于 m 的多项式，$s=1,\ 2,\ \cdots,\ n$，$t=0,\ 1,\ \cdots,\ \mathrm{C}_n^s-1$，故对 $s=1,\ 2,\ \cdots,\ n-1$，易得

$$\rho\Big(\sum_{t=0}^{\mathrm{C}_n^s-1}\lambda_{s,t}\mathrm{e}^{P_{s,t}(z)}\Big)\leqslant m-1,\rho(\mathrm{e}^{P_{n,0}(z)})\leqslant m-1. \tag{2.4.31}$$

应用引理 2.4.1，我们得到 $\mathrm{e}^{P_{n,0}(z)}\equiv 0$. 这是不可能的.

情况 2：$\deg\alpha(z)<m$. 类似情况 1，可得类似的矛盾.

情况 3：$\deg\alpha(z)=m$. 设 $\alpha(z)=dz^m+P^*(z)$，其中，$d\neq 0$，则 $\deg P^*(z)<m$. 将式 (2.4.29)写成

$$\begin{aligned}&\mathrm{e}^{P_{n,0}(z)}\mathrm{e}^{nl_m z^m}+(\lambda_{n-1,0}\mathrm{e}^{P_{n-1,0}(z)}+\cdots+\lambda_{n-1,n-1}\mathrm{e}^{P_{n-1,n-1}(z)})\cdot\mathrm{e}^{(n-1)l_m z^m}+\cdots+\\&(\lambda_{1,0}\mathrm{e}^{P_{1,0}(z)}+\cdots+\lambda_{1,n-1}\mathrm{e}^{P_{1,n-1}(z)})\mathrm{e}^{l_m z^m}-\mathrm{e}^{P^*(z)}\mathrm{e}^{dz^m}\equiv 0.\end{aligned} \tag{2.4.32}$$

子情况 3.1：对任意 $j=1,\ 2,\ \cdots,\ n$，$d\neq jl_m$. 则

$$\rho(\mathrm{e}^{dz^m-jl_m z^m})=\rho(\mathrm{e}^{(d-jl_m)z^m})=m,\ \rho(\mathrm{e}^{P^*(z)})\leqslant m-1.$$

结合上式和式 (2.4.30)，式 (2.4.31)，式 (2.4.32)，并应用引理 2.4.1，可知这是不成立的.

子情况 3.2：存在某个 $j=1,\ 2,\ \cdots,\ n-1$，使得 $d=jl_m$. 不失一般性，不妨设 $j=n-1$. 将式 (2.4.32)写成

$$\begin{aligned}&\mathrm{e}^{P_{n,0}(z)}\mathrm{e}^{nl_m z^m}+(\lambda_{n-1,0}\mathrm{e}^{P_{n-1,0}(z)}+\cdots+\lambda_{n-1,n-1}\mathrm{e}^{P_{n-1,n-1}(z)}-\mathrm{e}^{P^*(z)})\mathrm{e}^{(n-1)l_m z^m}+\cdots+\\&(\lambda_{1,0}\mathrm{e}^{P_{1,0}(z)}+\cdots+\lambda_{1,n-1}\mathrm{e}^{P_{1,n-1}(z)})\mathrm{e}^{l_m z^m}\equiv 0.\end{aligned}$$

类似前面的讨论可得矛盾式 $\mathrm{e}^{P_{n,0}(z)}\equiv 0$.

子情况 3.3：$d=nl_m$. 将式 (2.4.32)写成

$$(e^{P_{n,0}(z)}-e^{P^*(z)})e^{nl_mz^m}+(\lambda_{n-1,0}e^{P_{n-1,0}(z)}+\cdots+\lambda_{n-1,n-1}e^{P_{n-1,n-1}(z)})e^{(n-1)l_mz^m}+\cdots+$$
$$(\lambda_{1,0}e^{P_{1,0}(z)}+\cdots+\lambda_{1,n-1}e^{P_{1,n-1}(z)})e^{l_mz^m}\equiv 0.$$

类似前面的讨论并应用引理2.4.1，我们得到

$$\lambda_{1,0}e^{P_{1,0}(z)}+\cdots+\lambda_{1,n-1}e^{P_{1,n-1}(z)}\equiv 0.$$

这表明

$$(\lambda_{1,0}e^{P_{1,0}(z)}+\cdots+\lambda_{1,n-1}e^{P_{1,n-1}(z)})e^{l_mz^m}\equiv 0.$$

由式（2.4.26）和式（2.4.27），由

$$\Delta_c^{n-1}e^{\beta(z)}=\sum_{j=0}^{n-1}\binom{n-1}{j}(-1)^{n-1-j}e^{\beta(z+jc)}\equiv 0. \tag{2.4.33}$$

假设 $m>1$. 注意到，对 $j=0,1,\cdots,n-1$，有

$$\beta(z+jc)=l_mz^m+(l_{m-1}+ml_mjc)z^{m-1}+Q_j(z),$$

其中，$Q_j(z)$是次数不大于 $m-1$ 的多项式.

将式（2.4.33）写成

$$e^{Q_{n-1}(z)}e^{l_mz^m+(l_{m-1}+ml_m(n-1)c)z^{m-1}}-(n-1)e^{Q_{n-2}(z)}e^{l_mz^m+(l_{m-1}+ml_m(n-2)c)z^{m-1}}+\cdots+$$
$$(-1)^{n-1}e^{Q_0(z)}e^{l_mz^m+l_{m-1}z^{m-1}}\equiv 0. \tag{2.4.34}$$

则对 $0\leqslant h<k\leqslant n-1$，有

$$\rho(e^{l_mz^m+(l_{m-1}+ml_mhc)z^{m-1}-(l_mz^m+(l_{m-1}+ml_mkc)z^{m-1})})=\rho(e^{ml_m(h-k)cz^{m-1}})=m-1,$$

且对 $j=0,1,\cdots,n-1$，我们有

$$\rho(e^{Q_j(z)})\leqslant m-2.$$

由上式和式（2.4.34），应用引理2.4.1，即可得到矛盾式 $e^{Q_{n-1}(z)}\equiv 0$. 这表明 $m\leqslant 1$.

假设 $m=1$，则 $\beta(z)=l_1z+l_0$，$l_1\neq 0$. 不难得到

$$\Delta_ce^{\beta(z)}=e^{\beta(z+c)}-e^{\beta(z)}=e^{l_1z+l_1c+l_0}-e^{l_1z+l_0}=(e^{l_1c}-1)e^{\beta(z)},$$
$$\Delta_c^2e^{\beta(z)}=(e^{l_1c}-1)\Delta_ce^{\beta(z)}=(e^{l_1c}-1)^2e^{\beta(z)}.$$

由归纳法可得，

$$\Delta_c^{n-1}e^{\beta(z)}=(e^{l_1c}-1)^{n-1}e^{\beta(z)}.$$

由上式和式（2.4.33）就得到

$$(e^{l_1c}-1)^{n-1}\equiv 0.$$

这就要求 $e^{l_1c}\equiv 1$. 因此，对任意 $j\in\mathbb{Z}$，

$$e^{\beta(z+jc)}=e^{l_1z+jl_1c+l_0}=e^{l_1z+l_0}(e^{l_1c})^j=e^{\beta(z)}. \tag{2.4.35}$$

由式（2.4.17）和式（2.4.35），可得

$$\Delta_cf=e^{\beta(z)}f(z)+(1-e^{\beta(z)})a(z).$$

$$\begin{aligned}\Delta_c^2f&=e^{\beta(z+c)}f(z+c)+(1-e^{\beta(z+c)})a(z+c)-(e^{\beta(z)}f(z)+(1-e^{\beta(z)})a(z))\\&=e^{\beta(z)}f(z+c)+(1-e^{\beta(z)})a(z)-e^{\beta(z)}f(z)-(1-e^{\beta(z)})a(z)\\&=e^{\beta(z)}\Delta_cf,\end{aligned}$$

$$\Delta_c^3f=e^{\beta(z+c)}\Delta_cf(z+c)-e^{\beta(z)}\Delta_cf=e^{\beta(z)}\Delta_c^2f=e^{2\beta(z)}\Delta_cf.$$

由归纳法，可得

$$\Delta_c^nf=e^{(n-1)\beta(z)}\Delta_cf. \tag{2.4.36}$$

由式（2.4.36）和式（2.4.17），可得

$$\Delta_c^n f - a(z) = e^{(n-1)\beta(z)} \Delta_c f - a(z)$$

$$= e^{(n-1)\beta(z)} \left(e^{\beta(z)} (f(z) - a(z)) + a(z) \right) - a(z)$$

$$= e^{n\beta(z)} (f(z) - a(z)) + a(z) (e^{(n-1)\beta(z)} - 1). \qquad (2.4.37)$$

将式（2.4.16）代入式（2.4.37），即得

$$\left(e^{\alpha(z)} - e^{n\beta(z)} \right) (f(z) - a(z)) = a(z) (e^{(n-1)\beta(z)} - 1). \qquad (2.4.38)$$

若 $e^{\alpha(z)} - e^{n\beta(z)} \not\equiv 0$，则由式（2.4.38）得到

$$T(r, f) + S(r, f) = T(r, (e^{\alpha(z)} - e^{n\beta(z)}) (f(z) - a(z)))$$

$$= T(r, a(z) (e^{(n-1)\beta(z)} - 1)) = S(r, f),$$

矛盾. 因此 $e^{\alpha(z)} - e^{n\beta(z)} \equiv 0$.

由式（2.4.38），易知 $a(z) (e^{(n-1)\beta(z)} - 1) \equiv 0$. 这就要求 $e^{(n-1)\beta(z)} \equiv 1$. 这是不可能的.

第二步. 假设 $\beta(z)$ 为常数. 将式（2.4.17）写成

$$\Delta_c f = e^{\beta} f(z) + (1 - e^{\beta}) a(z).$$

由于 $a(z)$ 是周期为 c 的亚纯函数，故

$$\Delta_c^2 f = e^{\beta} \Delta_c f,$$

再由归纳法可得

$$\Delta_c^n f = e^{(n-1)\beta} \Delta_c f. \qquad (2.4.39)$$

则

$$\Delta_c^n f - a(z) - e^{(n-1)\beta} (\Delta_c f - a(z)) = a(z) (e^{(n-1)\beta} - 1). \qquad (2.4.40)$$

由定理 1.2.3 和式（2.4.16），我们得到

$$\frac{a(z)}{f(z) - a(z)} = \frac{\Delta_c^n f}{f(z) - a(z)} - e^{\alpha(z)}$$

和

$$m\left(r, \frac{1}{f(z) - a(z)} \right) = m\left(r, \frac{1}{a(z)} \left(\frac{\Delta_c^n f}{f(z) - a(z)} - e^{\alpha(z)} \right) \right)$$

$$\leq m\left(r, \frac{\Delta_c^n f}{f(z) - a(z)} \right) + m(r, e^{\alpha(z)}) + S(r, f)$$

$$= S(r, f). \qquad (2.4.41)$$

由式（2.4.41），可得

$$N\left(r, \frac{1}{f(z) - a(z)} \right) = T\left(r, \frac{1}{f(z) - a(z)} \right) - m\left(r, \frac{1}{f(z) - a(z)} \right)$$

$$= T(r, f) + S(r, f). \qquad (2.4.42)$$

再由假设 $\Delta_c^n f \not\equiv \Delta_c f$ 以及式（2.4.39），不难得到 $e^{(n-1)\beta} \not\equiv 1$.

设 z_0 是 $f(z) - a(z)$ 的重数为 μ 的零点. 由于 $f(z)$，$\Delta_c f$ 和 $\Delta_c^n f$ 分担 $a(z)$ CM，故 z_0 也是 $\Delta_c f - a(z)$ 和 $\Delta_c^n f - a(z)$ 的重数为 μ 的零点. 因此，z_0 是 $\Delta_c^n f - a(z) - e^{(n-1)\beta}$ $(\Delta_c f - a(z))$ 的重数不小于 μ 的零点. 则由式（2.4.40）和式（2.4.42），我们得到

$$N\left(r, \frac{1}{a(z)(e^{(n-1)\beta}-1)}\right)=N\left(r, \frac{1}{\Delta_c^n f-a(z)-e^{(n-1)\beta}(\Delta_c f-a(z))}\right)$$
$$\geqslant N\left(r, \frac{1}{f(z)-a(z)}\right)$$
$$=T(r, f)+S(r, f),$$

这要求 $T(r, f)\leqslant S(r, f)$，矛盾.

至此我们就完成了定理 2.4.5 的证明.

□

定理 2.4.6 的证明. 利用反证法，假设 $\Delta_c^n f\not\equiv\Delta_c^m f$. 由定理 1.2.4，对任意给定的整数 $i\geqslant 1$，有

$$T(r, \Delta_c^i f)=m(r, \Delta_c^i f)$$
$$\leqslant m\left(r, \frac{\Delta_c^i f}{f}\right)+m(r, f)+S(r, f)=T(r, f)+S(r, f).$$

这要求 $S(r, \Delta_c^i f)\leqslant S(r, f)$.

记

$$g(z)=\frac{f'(\Delta_c^m f-\Delta_c^n f)}{(f-a_1)(f-a_2)},\ h(z)=\frac{(\Delta_c^n f)'(\Delta_c^m f-\Delta_c^n f)}{(\Delta_c^n f-a_1)(\Delta_c^n f-a_2)}. \tag{2.4.43}$$

注意到 $f(z)$，$\Delta_c^n f$ 和 $\Delta_c^m f(m>n)$ 为整函数且分担 a_1，a_2IM. 若 z^* 分别是 $f(z)$，$\Delta_c^n f$ 和 $\Delta_c^m f$ 的重数分别为 k，l，n 的 a_1 - 值点（或 a_2 - 值点），则它是 $f'(z)(\Delta_c^m f-\Delta_c^n f)$ 的重数至少不小于 $k-1+\min\{l, s\}\geqslant k$ 的零点，是 $(\Delta_c^n f)'(\Delta_c^m f-\Delta_c^n f)$ 重数至少不小于 $l-1+\min\{l, s\}\geqslant l$ 的零点. 因此，$g(z)$ 和 $h(z)$ 为整函数. 由式 (2.4.43)，并应用对数导数引理和定理 1.2.4，可得

$$T(r, g)=m(r, g)=m\left(r, \frac{f'(z)(\Delta_c^m f-\Delta_c^n f)}{(f-a_1)(f-a_2)}\right)$$
$$\leqslant m\left(r, \frac{f'}{f-a_1}\right)+m\left(r, \frac{\Delta_c^m f}{f-a_2}\right)+m\left(r, \frac{\Delta_c^n f}{f-a_2}\right)+O(1)$$
$$=S(r, f) \tag{2.4.44}$$

和

$$T(r, h)=m(r, h)=m\left(r, \frac{(\Delta_c^n f)'(\Delta_c^m f-\Delta_c^n f)}{(\Delta_c^n f-a_1)(\Delta_c^n f-a_2)}\right)$$
$$\leqslant m\left(r, \frac{(\Delta_c^n f)'\Delta_c^n f}{(\Delta_c^n f-a_1)(\Delta_c^n f-a_2)}\right)+m\left(r, \frac{\Delta_c^m f}{\Delta_c^n f}-1\right)$$
$$\leqslant m\left(r, \frac{a_1}{a_1-a_2}\frac{(\Delta_c^n f)'}{\Delta_c^n f-a_1}+\frac{a_2}{a_2-a_1}\frac{(\Delta_c^n f)'}{\Delta_c^n f-a_2}\right)+S(r, \Delta_c^n f)$$
$$\leqslant S(r, f). \tag{2.4.45}$$

由式 (2.4.43) 和式 (2.4.44)，再次应用定理 1.2.4，有

$$\begin{aligned}
&\overline{N}\left(r,\ \frac{1}{f-a_1}\right)+\overline{N}\left(r,\ \frac{1}{f-a_2}\right)\\
&=N\left(r,\ \frac{f'}{(f-a_1)(f-a_2)}\right)=N\left(r,\ \frac{g}{\Delta_c^m f-\Delta_c^n f}\right)\\
&\leqslant T\left(r,\ \frac{g}{\Delta_c^m f-\Delta_c^n f}\right)\leqslant T(r,\ \Delta_c^m f-\Delta_c^n f)+T(r,\ g)+O(1)\\
&=m(r,\ \Delta_c^m f-\Delta_c^n f)+S(r,\ f)\\
&\leqslant m\left(r,\ \frac{\Delta_c^m f}{f}\right)+m\left(r,\ \frac{\Delta_c^n f}{f}\right)+m(r,\ f)+S(r,\ f)\\
&=T(r,\ f)+S(r,\ f).
\end{aligned}\tag{2.4.46}$$

另一方面，由第二基本定理，可得

$$T(r,\ f)\leqslant\overline{N}\left(r,\ \frac{1}{f-a_1}\right)+\overline{N}\left(r,\ \frac{1}{f-a_2}\right)+S(r,\ f).\tag{2.4.47}$$

由式（2.4.46）和式（2.4.47），有

$$T(r,\ f)=\overline{N}\left(r,\ \frac{1}{f-a_1}\right)+\overline{N}\left(r,\ \frac{1}{f-a_2}\right)+S(r,\ f).\tag{2.4.48}$$

类似地，对 $\Delta_c^n f$，有

$$T(r,\ \Delta_c^n f)=\overline{N}\left(r,\ \frac{1}{\Delta_c^n f-a_1}\right)+\overline{N}\left(r,\ \frac{1}{\Delta_c^n f-a_2}\right)+S(r,\ \Delta_c^n f).$$

由于 $f(z)$ 和 $\Delta_c^n f$ 分担 a_1，a_2 IM，故

$$\overline{N}\left(r,\frac{1}{f-a_1}\right)+\overline{N}\left(r,\frac{1}{f-a_2}\right)=\overline{N}\left(r,\ \frac{1}{\Delta_c^n f-a_1}\right)+\overline{N}\left(r,\ \frac{1}{\Delta_c^n f-a_2}\right).$$

由上面的三个不等式，即可得到

$$T(r,\ \Delta_c^n f)=T(r,\ f)+S(r,\ f).\tag{2.4.49}$$

由 z^* 的性质和式（2.4.43），易得

$$lg(z^*)=kh(z^*).\tag{2.4.50}$$

假设 $lg(z)\equiv kh(z)$. 则由式（2.4.43）和假设 $\Delta_c^n f\not\equiv\Delta_c^m f$，可知下面的结论成立：

$$lf'\left(\frac{1}{f-a_1}-\frac{1}{f-a_2}\right)\equiv k(\Delta_c^n f)'\left(\frac{1}{\Delta_c^n f-a_1}-\frac{1}{\Delta_c^n f-a_2}\right).$$

对上式两边求积分，可得

$$\left(\frac{f-a_1}{f-a_2}\right)^l\equiv\mu\left(\frac{\Delta_c^n f-a_1}{\Delta_c^n f-a_2}\right)^k,\tag{2.4.51}$$

其中，μ 为非零常数. 则由式（2.4.51），可得

$$lT(r,\ f)=kT(r,\ \Delta_c^n f)+S(r,\ f).$$

由上式和式（2.4.49），可知 $(l-k)T(r,\ f)=S(r,\ f)$. 因此，只需考虑 $k=l$ 的情况. 此时，由式（2.4.51），有

$$\frac{f-a_1}{f-a_2}\equiv\nu\left(\frac{\Delta_c^n f-a_1}{\Delta_c^n f-a_2}\right),$$

其中，ν 为非零常数.

事实上，上式可化为

$$(1-\nu)\Delta_c^n f\cdot f\equiv(a_1-\nu a_2)\Delta_c^n f+(a_2-\nu a_1)f-(1-\nu)a_1a_2. \tag{2.4.52}$$

若 $\nu=1$，由式（2.4.52），经过简单计算，可知 $f(z)\equiv\Delta_c^n f$.

若 $\nu\neq1$，记 $f_1(z)=f-a_1$ 和 $f_2(z)=f-a_2$. 注意到 $\Delta_c^n f_1\equiv\Delta_c^n f_2\equiv\Delta_c^n f$. 由式（2.4.52），可知

$$\Delta_c^n f\cdot(f-a_1)\equiv\frac{(a_1-\nu a_2)\Delta_c^n f}{(1-\nu)}+\frac{(a_2-\nu a_1)f(z)}{(1-\nu)}-a_1a_2-a_1\Delta_c^n f.$$

故

$$\begin{aligned}\Delta_c^n f&\equiv\frac{\nu(a_1-a_2)\Delta_c^n f}{(1-\nu)(f-a_1)}+\frac{a_2-\nu a_1}{1-\nu}+\frac{\nu a_1(a_2-a_1)}{(1-\nu)(f-a_1)}\\&=\frac{\nu(a_1-a_2)\Delta_c^n f}{(1-\nu)f_1}+\frac{a_2-\nu a_1}{1-\nu}+\frac{\nu a_1(a_2-a_1)}{(1-\nu)f_1}.\end{aligned} \tag{2.4.53}$$

则由式（2.4.49），式（2.4.53）和定理 1.2.4，可以推出

$$\begin{aligned}T(r,f)+S(r,f)&=T(r,\Delta_c^n f)=m(r,\Delta_c^n f)\\&=m\left(r,\frac{\nu(a_1-a_2)\Delta_c^n f}{(1-\nu)f_1}+\frac{a_2-\nu a_1}{1-\nu}+\frac{\nu a_1(a_2-a_1)}{(1-\nu)f_1}\right)\leqslant m\left(r,\frac{1}{f_1}\right)+S(r,f).\end{aligned}$$

类似地，不难得到

$$T(r,f)\leqslant m\left(r,\frac{1}{f_2}\right)+S(r,f).$$

由上述两个不等式和式（2.4.48），有

$$\begin{aligned}3T(r,f)&=2T(r,f)+\overline{N}\left(r,\frac{1}{f_1}\right)+\overline{N}\left(r,\frac{1}{f_2}\right)+S(r,f)\\&\leqslant m\left(r,\frac{1}{f_1}\right)+N\left(r,\frac{1}{f_1}\right)+m\left(r,\frac{1}{f_2}\right)+N\left(r,\frac{1}{f_2}\right)+S(r,f)\\&=T\left(r,\frac{1}{f_1}\right)+T\left(r,\frac{1}{f_2}\right)+S(r,f)=2T(r,f)+S(r,f).\end{aligned}$$

由此可得矛盾式 $T(r,f)=S(r,f)$.

接下来，假设 $lg(z)\not\equiv kh(z)$. 由式（2.4.50）和 z^* 的性质可知，它是 $lg-kh$ 的零点. 下面用

$$N_{(k,l)}\left(r,\frac{1}{f-a_1}\right)$$

表示 $f-a_1$ 的某些重数为 k 的零点的计数函数，其中这些零点是 $\Delta_c^n f-a_1$ 的重数为 l 的零点. 相应的精简计数函数记为

$$\overline{N}_{(k,l)}\left(r,\frac{1}{f-a_1}\right).$$

则

$$\overline{N}_{(k,l)}\left(r,\ \frac{1}{f-a_1}\right)+\overline{N}_{(k,l)}\left(r,\ \frac{1}{f-a_2}\right)\leqslant N\left(r,\ \frac{1}{lg-kh}\right)\leqslant T(r,\ lg-kh)=S(r,\ f). \tag{2.4.54}$$

由于$f(z)$和$\Delta_c^n f$分担a_1，a_2 IM，则对$j=1$，2，有

$$\overline{N}_{(k,l)}\left(r,\ \frac{1}{f-a_j}\right)=\overline{N}_{(k,l)}\left(r,\ \frac{1}{\Delta_c^n f-a_j}\right).$$

由此可得

$$\begin{aligned}N_{(k,l)}\left(r,\ \frac{1}{f-a_j}\right)+N_{(k,l)}\left(r,\ \frac{1}{\Delta_c^n f-a_j}\right)&\geqslant k\,\overline{N}_{(k,l)}\left(r,\ \frac{1}{f-a_j}\right)\\&+l\,\overline{N}_{(k,l)}\left(r,\ \frac{1}{\Delta_c^n f-a_j}\right)=(k+l)\overline{N}_{(k,l)}\left(r,\ \frac{1}{f-a_j}\right).\end{aligned} \tag{2.4.55}$$

结合式（2.4.49），式（2.4.54）和式（2.4.55），有

$$\begin{aligned}&\overline{N}\left(r,\frac{1}{f-a_1}\right)+\overline{N}\left(r,\frac{1}{f-a_2}\right)\\
\leqslant&\sum_{k+l\geqslant 6}\left(\overline{N}_{(k,l)}\left(r,\frac{1}{f-a_1}\right)+\overline{N}_{(k,l)}\left(r,\frac{1}{f-a_2}\right)\right)+\sum_{k+l<6}\left(\overline{N}_{(k,l)}\left(r,\frac{1}{f-a_1}\right)+\overline{N}_{(k,l)}\left(r,\frac{1}{f-a_2}\right)\right)\\
\leqslant&\frac{1}{6}\sum_{k+l\geqslant 6}\left(N_{(k,l)}\left(r,\frac{1}{f-a_1}\right)+N_{(k,l)}\left(r,\frac{1}{\Delta_c^n f-a_1}\right)\right)+\\
&\frac{1}{6}\sum_{k+l\geqslant 6}\left(N_{(k,l)}\left(r,\frac{1}{f-a_2}\right)+N_{(k,l)}\left(r,\frac{1}{\Delta_c^n f-a_2}\right)\right)+\sum_{k+l<6}S(r,f)\\
\leqslant&\frac{1}{6}\left(N\left(r,\frac{1}{f-a_1}\right)+N\left(r,\frac{1}{\Delta_c^n f-a_1}\right)+N\left(r,\frac{1}{f-a_2}\right)+N\left(r,\frac{1}{\Delta_c^n f-a_2}\right)\right)+S(r,f)\\
\leqslant&\frac{1}{6}(2T(r,f)+2T(r,\Delta_c^n f))+S(r,f)=\frac{2}{3}T(r,f)+S(r,f).\end{aligned}$$

这与式（2.4.48）矛盾．定理2.4.6得证．

□

第 3 章

两个亚纯函数的差分分担一个小函数的唯一性

在本章中，我们讨论了两个亚纯函数的差分分担小函数的问题．主要是在两个亚纯函数的差分分担一个小函数的条件下，结合对这两个函数的亏量或对其差分某些公共值点的限制，讨论这两个函数的差分的关系．

3.1 两个亚纯函数具有亏值的情况

3.1.1 引言和主要结果

首先，我们引入下面的定理 3.1.1（见[103]），它是对 Shibazaki[97] 一个相关结果的推广和改进．

定理 3.1.1（[103]）．设 f 和 g 为非常数整函数．若 f' 和 g' 分担 1CM，且 $\delta(0, f) + \delta(0, g) > 1$，则 $f \equiv g$ 或 $f'g' \equiv 1$．

Qi – Liu[92] 考虑了两个整函数的位移分担小函数的情况，证明了下面的定理．

定理 3.1.2（[92]）．设 f 和 g 为有限级整函数，a，b 为 f 和 g 的互异的小函数，且满足 $\delta(a) = \delta(a, f) + \delta(a, g) > 1$．若 $f(z + c_1)$ 和 $g(z + c_2)$ 分担 b CM，则以下结论之一成立：

（ⅰ）$f(z) \equiv g(z + c)$，其中，$c = c_2 - c_1$；

（ⅱ）$f(z + c_1) \equiv (a - b)e^h + a$，$g(z + c_2) \equiv (a - b)e^{-h} + a$，其中，$h(z)$ 为整函数．

Chen – Chen – Li[10] 给出下面的定理 3.1.3 ~ 定理 3.1.5，它是定理 3.1.1 的差分模拟．它的证明与定理 3.1.4 的证明类似，故省略．

定理 3.1.3（[10]）．设 $f(z)$ 和 $g(z)$ 为有限级整函数，$a(z)(\not\equiv 0)$ 为整函数且为 $f(z)$ 和 $g(z)$ 的小函数．又设 c_1，$c_2 \in \mathbb{C} \setminus \{0\}$，满足 $\Delta_{c_1} f(z) \cdot \Delta_{c_2} g(z) \not\equiv 0$．若 $\Delta_{c_1} f(z)$ 和 $\Delta_{c_2} g(z)$ 分担 a CM，且 $\delta(0) = \delta(0, f) + \delta(0, g) > 1$，则以下结论之一成立：

（ⅰ）$\Delta_{c_1} f(z) \equiv \Delta_{c_2} g(z)$；

（ⅱ）$\Delta_{c_1} f(z) \equiv -a(z)e^{h(z)}$，$\Delta_{c_2} g(z) \equiv -a(z)e^{-h(z)}$，其中，$h(z)$ 为多项式．

当 $c_1 = c_2$ 时，我们得到下面的定理 3.1.4，它是定理 3.1.3 在这种特殊情况下的推广．

定理 3.1.4（[10]）．设 $f(z)$ 和 $g(z)$ 为有限级整函数，$a(z)$ 和 $b(z)$ 为整函数且为 $f(z)$ 和 $g(z)$ 的小函数．又设 $c \in \mathbb{C} \setminus \{0\}$，满足 $\Delta_c(f - b) \cdot \Delta_c(g - b) \cdot (a - \Delta_c b) \not\equiv 0$．

若 $\Delta_c f(z)$ 和 $\Delta_c g(z)$ 分担 a CM，且 $\delta(b)=\delta(b, f)+\delta(b, g)>1$，则以下结论之一成立：

(i) $\Delta_c f(z)\equiv\Delta_c g(z)$；

(ii) $\Delta_c f\equiv(\Delta_c b-a)\mathrm{e}^{h(z)}+\Delta_c b$，$\Delta_c g\equiv(\Delta_c b-a)\mathrm{e}^{-h(z)}+\Delta_c b$，其中，$h(z)$ 为多项式.

例 3.1.1. 下面的三个例子表明存在满足定理 3.1.3 和定理 3.1.4 中各种情况的整函数.

(1) 设 $f(z)=(z+1)\mathrm{e}^z$，$g(z)=z\mathrm{e}^z$，$c_1=c_2=2\pi\mathrm{i}$. 我们知道 $\delta(0)=\delta(0, f)+\delta(0, g)>1$，且对任意的 $a\in\mathbb{C}$，$\Delta_{c_1}f(z)$ 和 $\Delta_{c_2}g(z)$ 分担 a CM. 这里，$\Delta_{c_1}f(z)\equiv\Delta_{c_2}g(z)$. 这个例子满足定理 3.1.3(i) 和 3.1.4(i).

(2) 设 $f(z)=\mathrm{e}^z$，$g(z)=-\mathrm{e}(\mathrm{e}+1)\mathrm{e}^{-z}$，$c_1=2$，$c_2=1$. 我们知道 $\delta(0)=\delta(0, f)+\delta(0, g)>1$，且对 $a=1-\mathrm{e}^2$，$\Delta_{c_1}f(z)$ 和 $\Delta_{c_2}g(z)$ 分担 a CM. 这里，$\Delta_c f(z)\equiv-a\mathrm{e}^z$ 且 $\Delta_{c_2}g(z)\equiv-a\mathrm{e}^{-z}$. 这个例子满足定理 3.1.3(ii).

(3) 设 $f(z)=-\mathrm{e}^z+2$，$g(z)=\mathrm{e}\cdot\mathrm{e}^{-z}+2$，$c=1$. 我们知道 $\delta(2)=\delta(2, f)+\delta(2, g)>1$，且对 $a=\mathrm{e}-1$，$\Delta_c f(z)$ 和 $\Delta_c g(z)$ 分担 a CM. 这里，$\Delta_a f(z)\equiv-a\mathrm{e}^z$ 且 $\Delta_c g(z)\equiv-a\mathrm{e}^{-z}$. 这个例子满足定理 3.1.4(ii).

以下定理 3.1.5 是 Li – Gao[71] 中的定理 1.4 的延续.

定理 3.1.5([10]). 设 c_1，$c_2\in\mathbb{C}\setminus\{0\}$，$a$ 和 b 为不同的常数，$f(z)$ 和 $g(z)$ 有限级整数，级分别为 $\rho(f)\rho(g)$. 若 $\Delta_{c_1}f(z)$ 和 $\Delta_{c_2}g(z)$ 分担 a CM，a 且 $\Delta_{c_1}f(z)-b$ 和 $\Delta_{c_2}g(z)-b$ 有至少 $\max\{[\rho(f)], [\rho(g)], 1\}$ 个重数 $\geqslant2$ 的零点，则 $\Delta_{c_1}f(z)\equiv\Delta_{c_2}g(z)$.

例 3.1.2. 下面的例(1)和例(2)说明存在满足定理 3.1.5 的例子. 例(3)说明定理 3.1.5 关于公共零点的限制不能删掉.

(1) 设 $f(z)=\mathrm{e}^{z\log 2}\sin^2(2\pi z)$，$g(z)=\dfrac{1}{3}\mathrm{e}^{z\log 2}\sin^2(2\pi z)+\mathrm{e}^{2\pi\mathrm{i}z}$，$c=1$. 则 $\Delta_c f(z)\equiv\Delta_c g(z)\equiv\mathrm{e}^{z\log 2}\sin^2(2\pi z)$. 在本例中，$\Delta_c f(z)$ 和 $\Delta_c g(z)$ 具有无穷多个重数为 2 的公共零点.

(2) 设 $f(z)=\mathrm{e}^{z\log 2}\sin^2(2\pi z)$，$g(z)=\dfrac{1}{3}\mathrm{e}^{z\log 2}\sin^2(2\pi z)$，$c_1=1$，$c_2=2$. 则 $\Delta_{c_1}f(z)\equiv\Delta_{c_2}g(z)\equiv\mathrm{e}^{z\log 2}\sin^2(2\pi z)$. 在本例中，$\Delta_{c_1}f(z)$ 和 $\Delta_{c_2}g(z)$ 具有无穷多个重数为 2 的公共零点.

(3) 设 $f(z)=z\mathrm{e}^z-z$，$g(z)=z\mathrm{e}^{-z}-z$，$c=2\pi\mathrm{i}$. 则 $\Delta_c f(z)=2\pi\mathrm{i}(\mathrm{e}^z-1)$ 和 $\Delta_c g(z)=2\pi\mathrm{i}(1-\mathrm{e}^z)\mathrm{e}^{-z}$ 分担 $-2\pi\mathrm{i}$ CM. 然而，$\max\{[\rho(f)], [\rho(g)], 1\}=1$，而 $\Delta_c f(z)$ 和 $\Delta_c g(z)$ 的公共零点均为简单零点，且 $\Delta_c f(z)\not\equiv\Delta_c g(z)$.

3.1.2 本节定理的证明

定理 3.1.4 的证明. 根据定理条件 $\delta(b)=\delta(b, f)+\delta(b, g)>1$，容易看出 $\delta(b, f)>0$ 且 $\delta(b, g)>0$. 于是，对任意给定的 ε，满足 $0<\varepsilon<\min\left\{\dfrac{\delta(b, f)}{2}, \dfrac{\delta(b, g)}{2}, \dfrac{\delta(b)-1}{2}\right\}$,

我们得到

$$(\delta(b, f)-\varepsilon)T(r, f)\leqslant m\left(r, \frac{1}{f-b}\right) \tag{3.1.1}$$

以及

$$(\delta(b, g)-\varepsilon)T(r, g)\leqslant m\left(r, \frac{1}{g-b}\right). \tag{3.1.2}$$

由定理 1.2.3，得到

$$m(r, \Delta_c f)\leqslant m\left(r, \frac{\Delta_c f}{f}\right)+m(r, f)=m(r, f)+S(r, f). \tag{3.1.3}$$

于是

$$T(r, \Delta_c f)=m(r, \Delta_c f)\leqslant m(r, f)+S(r, f)=T(r, f)+S(r, f). \tag{3.1.4}$$

另一方面，由定理 1.2.4 知，

$$\begin{aligned} m\left(r, \frac{1}{f-b}\right)&=m\left(r, \frac{\Delta_c(f-b)}{f-b}\cdot\frac{1}{\Delta_c f-\Delta_c b}\right)\\ &\leqslant m\left(r, \frac{1}{\Delta_c f-\Delta_c b}\right)+S(r, f). \end{aligned} \tag{3.1.5}$$

结合式 (3.1.1) 和式 (3.1.5)，得到

$$\begin{aligned} (\delta(b, f)-\varepsilon)T(r, f)&\leqslant m\left(r, \frac{1}{f-b}\right)\leqslant m\left(r, \frac{1}{\Delta_c f-\Delta_c b}\right)+S(r, f)\\ &\leqslant T(r, \Delta_c f-\Delta_c b)+S(r, f)\\ &\leqslant T(r, \Delta_c f)+S(r, f). \end{aligned} \tag{3.1.6}$$

因此，由式 (3.1.4) 和式 (3.1.6)，得到 $S(r, \Delta_c f)=S(r, f)$. 同理可得，$S(r, \Delta_c g)=S(r, g)$.

由式 (3.1.1)，式 (3.1.4) 和式 (3.1.5)，我们得到

$$\begin{aligned} (\delta(b, f)-\varepsilon)T(r, \Delta_c f)&\leqslant(\delta(b, f)-\varepsilon)T(r, f)+S(r, f)\\ &\leqslant m\left(r, \frac{1}{f-b}\right)+S(r, f)\\ &\leqslant m\left(r, \frac{1}{\Delta_c f-\Delta_c b}\right)+S(r, f)\\ &\leqslant T(r, \Delta_c f)-N\left(r, \frac{1}{\Delta_c f-\Delta_c b}\right)+S(r, f), \end{aligned}$$

即

$$N\left(r, \frac{1}{\Delta_c f-\Delta_c b}\right)\leqslant(1-\delta(b, f)+\varepsilon)T(r, \Delta_c f)+S(r, f). \tag{3.1.7}$$

同理可得，

$$N\left(r, \frac{1}{\Delta_c g-\Delta_c b}\right)\leqslant(1-\delta(b, g)+\varepsilon)T(r, \Delta_c g)+S(r, g). \tag{3.1.8}$$

令 $I_1=\{r: T(r, \Delta_c f)\geqslant T(r, \Delta_c g)\}\subseteq(0, \infty)$，$I_2=(0, \infty)\setminus I_1$. 则，$I_i(i=1, 2)$ 中至少存在一个集合具有无穷的对数测度. 不失一般性，假设 I_1 具有无穷对数测度.

由于$\Delta_c f(z)$和$\Delta_c g(z)$分担a CM，故

$$\frac{\Delta_c f(z)-a}{\Delta_c g(z)-a}=e^{h(z)}, \tag{3.1.9}$$

其中，$h(z)$为多项式.

现将式（3.1.9）写成如下形式

$$F_1(z)+F_2(z)+F_3(z)\equiv 1,$$

其中

$$F_1(z)=\frac{\Delta_c f-\Delta_c b}{a-\Delta_c b},\ F_2(z)=-\frac{\Delta_c g-\Delta_c b}{a-\Delta_c b}e^{h(z)},\ F_3(z)=e^{h(z)}.$$

令$T(r)=\max\limits_{1\leqslant j\leqslant 3}\{T(r,F_j)\}$，$S(r)=o(T(r))$，则

$$T(r)\geqslant T(r,F_1)=T(r,\Delta_c f)+S(r,f).$$

由$F_j(z)(j=1,2,3)$的定义，我们有

$$\overline{N}(r,F_1)=\overline{N}(r,F_2)=\overline{N}\left(r,\frac{1}{a-\Delta_c b}\right)=S(r,f),$$

$$\overline{N}(r,F_3)=0,\ N_2\left(r,\frac{1}{F_3}\right)=0. \tag{3.1.10}$$

由式（3.1.7）和式（3.1.8），得到

$$\begin{aligned}&N_2\left(r,\frac{1}{F_1}\right)+N_2\left(r,\frac{1}{F_2}\right)\\ \leqslant&N\left(r,\frac{1}{\Delta_c f-\Delta_c b}\right)+N\left(r,\frac{1}{\Delta_c g-c\Delta_c b}\right)\\ \leqslant&(2-\delta(b)+2\varepsilon)T(r,\Delta_c f)+S(r,\Delta_c f),\ r\in I_1,\end{aligned} \tag{3.1.11}$$

其中，I_1具有无穷对数测度.

再由式（3.1.10）和式（3.1.11），我们得到

$$\begin{aligned}\sum_{j=1}^{3}N_2\left(r,\frac{1}{F_j}\right)+\sum_{j=1}^{3}\overline{N}(r,F_j)&\leqslant(2-\delta(b)+2\varepsilon)T(r,\Delta_c f)+S(r,f)\\&\leqslant(2-\delta(b)+2\varepsilon)T(r)+S(r),r\in I_1,\end{aligned}$$

其中，I_1具有无穷对数测度，从而具有无穷线测度.

显然，F_1不为常数. 由引理2.3.3知，$F_2(z)\equiv 1$或$F_3(z)\equiv 1$.

若$F_2(z)\equiv 1$，则有

$$\Delta_c g\equiv(\Delta_c b-a)e^{-h(z)}+\Delta_c b,\ \Delta_c f\equiv(\Delta_c b-a)e^{h(z)}+\Delta_c b.$$

若$F_3(z)\equiv 1$，则有$e^{h(z)}\equiv 1$. 再由式（3.1.9），结论成立. 定理3.1.4证毕.

□

定理3.1.5的证明. 由于$\Delta_{c_1}f(z)$和$\Delta_{c_2}g(z)$分担a CM，故

$$\frac{\Delta_{c_1}f(z)-a}{\Delta_{c_2}g(z)-a}=e^{h(z)}, \tag{3.1.12}$$

其中，$h(z)$为多项式.

由式（3.1.12）和引理2.3.2，可得

$$
\begin{aligned}
T(r, e^{h(z)}) &= T\left(r, \frac{\Delta_{c_1} f(z) - a}{\Delta_{c_2} g(z) - a}\right) \\
&\leqslant T(r, \Delta_{c_1} f(z)) + T(r, \Delta_{c_2} g(z)) + O(1) \\
&\leqslant T(r, f(z+c_1)) + T(r, f) + T(r, g(z+c_2)) + T(r, g(z)) + O(1) \\
&\leqslant 2T(r, f) + 2T(r, g) + S(r, f) + S(r, g). \qquad (3.1.13)
\end{aligned}
$$

由式（3.1.13）可知，$\rho(e^{h(z)}) \leqslant \max\{\rho(f), \rho(g)\}$．显然，$\rho(e^{h(z)}) = \deg h(z)$ 为整数．因此，我们得到 $\deg h(z) \leqslant \max\{[\rho(f)], [\rho(g)]\}$．

假设 $h(z)$ 不是常数．对式（3.1.12）两边求导，可得

$$\Delta_{c_1} f'(z) - \Delta_{c_2} g'(z) e^{h(z)} - h'(z)(\Delta_{c_2} g(z) - a) e^{h(z)} \equiv 0. \qquad (3.1.14)$$

记 $k = \max\{[\rho(f)], [\rho(g)], 1\}$．则 $k \geqslant \max\{[\rho(f)], [\rho(g)]\} \geqslant \deg h(z)$．注意到 $\Delta_{c_1} f(z) - b$ 和 $\Delta_{c_2} g(z) - b$ 至少有 k 重数 $\geqslant 2$ 的不同的公共零点．设 $z_j(j=1, 2, \cdots, k)$，满足

$$
\begin{aligned}
\Delta_{c_1} f(z_j) &= \Delta_{c_2} g(z_j) = b, \\
\Delta_{c_1} f'(z_j) &= \Delta_{c_2} g'(z_j) = 0. \qquad (3.1.15)
\end{aligned}
$$

则由式（3.1.14）和式（3.1.15）可知，$h'(z_j) = 0$，$j = 1, 2, \cdots, k$. 这意味着 $h(z)$ 为次数 $\deg h(z) \geqslant k+1$ 的多项式．这与 $k \geqslant \deg h(z)$ 矛盾．

至此，我们证明了 $h(z)$ 为常数．注意到 $\Delta_{c_1} f(z) - b$ 和 $\Delta_{c_2} g(z) - b$ 至少有一个公共零点．设 $z_0 \in \mathbb{C}$，满足 $\Delta_{c_1} f(z_0) = \Delta_{c_2} g(z_0) = b$. 则由式（3.1.12）可得 $e^{h(z)} \equiv e^{h(z_0)} = 1$. 因此，$\Delta_{c_1} f(z) \equiv \Delta_{c_2} g(z)$.

□

3.2 两个亚纯函数的差分具有公共值点的情况

3.2.1 引言和主要结果

在本节中，我们讨论了定理3.1.3中的亏量条件能否用其他的条件代替的问题．对于这个问题，我们证明了下面的结论，它是对文献[71]的定理1.4的推广．

定理 3.2.1. 设 $c_1, c_2 \in \mathbb{C} \setminus \{0\}$，$f(z)$ 和 $g(z)$ 为有限级整函数，且级分别为 $\rho(f)$ 和 $\rho(g)$．又设 a，b 为互异的复常数．若 $\Delta_{c_1} f(z)$ 和 $\Delta_{c_2} g(z)$ 分担 a CM，且 $\Delta_{c_1} f(z) - b$ 和 $\Delta_{c_2} g(z) - b$ 至少具有 $\max\{[\rho(f)], [\rho(g)], 1\}$ 个互异的，重级 $\geqslant 2$ 的公共零点，则 $\Delta_{c_1} f(z) \equiv \Delta_{c_2} g(z)$.

例 3.2.1. 下面的例(1)和例(2)表明存在满足定理3.2.1的整函数．而例(3)则表明定理3.2.1中关于公共零点的条件是不能去掉的．

(1) 设 $f(z) = e^{z\log 2}\sin^2(2\pi z)$，$g(z) = e^{z\log 2}\sin^2(2\pi z) + e^{2\pi i z}$，$c = 1$. 我们知道，$\Delta_c f(z) \equiv \Delta_c g(z) \equiv e^{z\log 2}\sin^2(2\pi z)$. 在这个例子中，$\Delta_c f(z)$ 和 $\Delta_c g(z)$ 具有无穷多个互异的，重级为2的公共零点．

(2) 设 $f(z) = e^{z\log 2}\sin^2(2\pi z)$，$g(z) = \frac{1}{3}e^{z\log 2}\sin^2(2\pi z)$，且 $c_1 = 1$，$c_2 = 2$. 我们知道，$\Delta_{c_1} f(z) \equiv \Delta_{c_2} g(z) \equiv e^{z\log 2}\sin^2(2\pi z)$. 在这个例子中，$\Delta_{c_1} f(z)$ 和 $\Delta_{c_2} g(z)$ 具有无穷

多个互异的, 重级为 2 的公共零点.

(3) 设 $f(z) = ze^z - z$, $g(z) = ze^{-z} - z$, $c = 2\pi i$. 我们知道, $\Delta_c f(z) = 2\pi i(e^z - 1)$ 和 $\Delta_c g(z) = 2\pi i(1 - e^z)e^{-z}$ 分担 $-2\pi i$ CM. 在这个例子中, $\Delta_c f(z)$ 和 $\Delta_c g(z)$ 仅有简单的公共零点, 然而 $\max\{[\rho(f)], [\rho(g)], 1\} = 1$. 显然, 我们看到 $\Delta_c f(z) \not\equiv \Delta_c g(z)$.

3.2.2 本节定理的证明

由于 $\Delta_{c_1} f(z)$ 和 $\Delta_{c_2} g(z)$ 分担 a CM, 故

$$\frac{\Delta_{c_1} f(z) - a}{\Delta_{c_2} g(z) - a} = e^{h(z)}, \tag{3.2.1}$$

其中, $h(z)$ 为多项式.

由式 (3.2.1) 和引理 2.3.1, 我们得到

$$T(r, e^{h(z)}) = T\left(r, \frac{\Delta_{c_1} f(z) - a}{\Delta_{c_2} g(z) - a}\right)$$
$$\leqslant T(r, \Delta_{c_1} f(z)) + T(r, \Delta_{c_2} g(z)) + O(1)$$
$$\leqslant T(r, f(z+c_1)) + T(r, f) + T(r, g(z+c_2)) + T(r, g(z)) + O(1)$$
$$\leqslant 2T(r, f) + 2T(r, g) + S(r, f) + S(r, g). \tag{3.2.2}$$

由式 (3.2.2) 知, $\rho(e^{h(z)}) \leqslant \max\{\rho(f), \rho(g)\}$. 显然, $\rho(e^{h(z)}) = \deg h(z)$ 为整数. 因此, 我们有 $\deg h(z) \leqslant \max\{[\rho(f)], [\rho(g)]\}$.

假设 $h(z)$ 为常数. 注意到, $\Delta_{c_1} f(z) - b$ 和 $\Delta_{c_2} g(z) - b$ 至少具有一个公共零点. 现假设 $z_0 \in \mathbb{C}$ 满足 $\Delta_{c_1} f(z_0) = \Delta_{c_2} g(z_0) = b$. 于是, 由式 (3.2.1) 知, $e^{h(z)} \equiv e^{h(z_0)} = 1$. 因此, $\Delta_{c_1} f(z) \equiv \Delta_{c_2} g(z)$.

假设 $h(z)$ 不为常数. 对式 (3.2.1) 两边取导数, 得到

$$\Delta_{c_1} f'(z) - \Delta_{c_2} g'(z)e^{h(z)} - h'(z)(\Delta_{c_2} g(z) - a)e^{h(z)} \equiv 0. \tag{3.2.3}$$

令 $k = \max\{[\rho(f)], [\rho(g)], 1\}$. 则 $k \geqslant \max\{[\rho(f)], [\rho(g)]\} \geqslant \deg h(z)$. 注意到, $\Delta_{c_1} f(z) - b$ 和 $\Delta_{c_2} g(z) - b$ 至少具有 k 个互异的, 重级 $\geqslant 2$ 的公共零点. 现假设 $z_j (j = 1, 2, \cdots, k)$ 满足

$$\Delta_{c_1} f(z_j) = \Delta_{c_2} g(z_j) = b,$$
$$\Delta_{c_1} f'(z_j) = \Delta_{c_2} g'(z_j) = 0. \tag{3.2.4}$$

再由式 (3.2.3) 和式 (3.2.4), 我们得到 $h'(z_j) = 0$, $j = 1, 2, \cdots, k$. 这就表明 $h(z)$ 为次数 $\deg h(z) \geqslant k+1$ 的多项式, 这与 $k \geqslant \deg h(z)$ 矛盾. 定理 3.1.5 证毕.

□

第 4 章 亚纯函数与其差分多项式分担集合的唯一性

本章主要研究亚纯函数与其差分多项式分担小函数集的唯一性问题：探讨了整函数与其差分多项式分担两个小函数集$\{-a(z), a(z)\}$，$\{b(z)\}$的唯一性问题；研究了亚纯函数与其差分多项式分担两个特殊集合$S_1=\{1, \omega\cdots, \omega^{n-1}\}$，$S_2=\{\infty\}$的唯一性问题．

4.1 与其位移或差分分担小函数集的整函数的唯一性

4.1.1 引言和主要结果

Nevanlinna 五值定理和四值定理的其中一个推广方向是考虑将分担值换成分担集合(如[62, 106, 108])，并取得了许多很好的结果．例如，存在一个包含 7 个元素的集合 S，使得对任意两个非常数的整函数 f 和 g，若 $E_f(S)=E_g(S)$，则 $f=g$(见[103])．一般地，当所考虑的函数 f 和 g 存在某种特殊关系时，分担的集合的个数以及集合中的元素个数可以适当减少；当分担的集合个数增加时，这些集合所包含的元素个数可以适当减少．本节将结合这两个思路，研究与其位移或差分分担小函数集的整函数的唯一性．

首先，我们回顾一个关于整函数 f 与其导数 f' 分担集合的结果，如下

定理 4.1.1([63])．设 f 为非常数整函数，a_1，a_2 为互异常数．若 f 和 f' 分担集合$\{a_1, a_2\}$CM，则 f 满足以下结论之一：

(i)$f=f'$；

(ii)$f+f'=a_1+a_2$；

(iii)$f=c_1e^{cz}+c_2e^{-cz}$，且 $a_1+a_2=0$，其中，c，c_1，c_2 为非零常数，满足 $c^2\neq 1$ 且

$$c_1c_2=\frac{1}{4}a_1^2\left(1-\frac{1}{c^2}\right).$$

对于两个整函数分担集合的情况，Gross - Osgood[32]证明了下面的结果．

定理 4.1.2([32])．设 $S_1=\{1, -1\}$，$S_2=\{0\}$．若 f 和 g 为非常数有限级整函数，且 f 和 g 分担集合 S_1 和 S_2 CM，则 $f=\pm g$ 或 $f\cdot g=1$.

基于定理 4.1.1 和定理 4.1.2，Liu 在文献[77]中考虑了亚纯函数 $f(z)$ 与其位移或差分分担集合的情况，证明了下面的定理 4.1.3，定理 4.1.4 和定理 4.1.8.

定理 4.1.3([77]). 设$f(z)$为有限级超越整函数，$c\in\mathbb{C}\setminus\{0\}$. 又设$a(z)$为不恒为零的周期为$c$的整函数且为$f(z)$的小函数. 若$f(z)$和$f(z+c)$分担集合$\{a(z), -a(z)\}$ CM，则$f(z)$满足以下结论之一：

(i)$f(z)\equiv f(z+c)$；

(ii)$f(z)+f(z+c)\equiv 0$；

(iii)$f(z)=\frac{1}{2}(h_1(z)+h_2(z))$，其中

$$\frac{h_1(z+c)}{h_1(z)}=-\mathrm{e}^{\gamma},\ \frac{h_2(z+c)}{h_2(z)}=\mathrm{e}^{\gamma},\ h_1(z)h_2(z)=a(z)^2(1-\mathrm{e}^{-2\gamma})$$

且γ为多项式.

定理 4.1.4([77]). 在定理 4.1.3 的条件下，若$f(z)$和$f(z+c)$分担集合$\{a(z), -a(z)\}$，$\{0\}$ CM，则$f(z)=\pm f(z+c)$，对所有的$z\in\mathbb{C}$成立.

注. 显然，定理 4.1.4 的条件要求$f(z)$和$f(z+c)$分担 0 CM. 故该定理为定理 4.1.3 的推论. 现在自然要问：若用集合$\{b(z)\}$代替定理 4.1.4 中的$\{0\}$，则结论是否仍成立？关于这个问题，Chen－Chen[8]证明了下面一系列结论.

定理 4.1.5([8]). 设$f(z)$为有限级超越整函数，$c\in\mathbb{C}\setminus\{0\}$. 又设$a(z)(\not\equiv 0)$，$b(z)$为互异的周期为$c$的整函数且为$f(z)$的小函数. 若$f(z)$和$f(z+c)$分担集合$\{a(z), -a(z)\}$，$\{b(z)\}$ CM，则$f(z)=\pm f(z+c)$，对所有的$z\in\mathbb{C}$成立. 特别地，若$b(z)\not\equiv 0$，则$f(z)\equiv f(z+c)$.

注. 在定理 4.1.5 中，将$f(z)$和$f(z+c)$所分担的集合改成$\{a_1(z), a_2(z)\}$，$\{b_1(z)\}$ CM，仍有类似的结论，其中，$a_1(z)$，$a_2(z)$，$b_1(z)$为互异的周期为c的整函数且为$f(z)$的小函数.

事实上，可以通过取

$$g(z)=f(z)-\frac{a_1(z)+a_2(z)}{2},$$

可知，$g(z)$和$g(z+c)$分担集合

$$\left\{\frac{a_1(z)-a_2(z)}{2},\ \frac{a_2(z)-a_1(z)}{2}\right\},\ \left\{b_1(z)-\frac{a_1(z)+a_2(z)}{2}\right\}$$

CM. 由定理 4.1.5，即可得到，若$b_1(z)-\frac{a_1(z)+a_2(z)}{2}\not\equiv 0$，则$f(z)\equiv f(z+c)$；若$b_1(z)\equiv\frac{a_1(z)+a_2(z)}{2}$，则对所有的$z\in\mathbb{C}$，有$f(z)=f(z+c)$或$f(z+c)+f(z)=a_1(z)+a_2(z)$.

现在，一个自然的问题是：若用$P(z, f(z))$代替定理 4.1.4 中的$f(z+c)$，其中，$P(z, f(z))$为关于f的线性差分多项式，则会得到怎样的结论呢？对于这个问题，有以下结论.

定理 4.1.6([8]). 设$f(z)$为有限级超越整函数，$c\in\mathbb{C}\setminus\{0\}$，且

$$P(z, f(z)) = b_k(z)f(z+kc) + \cdots + b_1(z)f(z+c) + b_0(z)f(z), \qquad (4.1.1)$$

其中，$b_k(z) \not\equiv 0$，$b_0(z)$，…，$b_k(z)$ 为 $f(z)$ 的小函数，且 k 为非负整数．又设 $a(z)$ $(\not\equiv 0)$ 为周期为 c 的整函数且为 $f(z)$ 的小函数．若 $f(z)$ 和 $P(z, f(z))$ 分担集合 $\{a(z), -a(z)\}$，$\{0\}$ CM，则 $P(z, f(z)) = \pm f(z)$，对所有的 $z \in \mathbb{C}$ 成立．

下面的结果为定理 4.1.6 的推论．

推论 4.1.1([8])．设 $f(z)$ 为有限级超越整函数，$c \in \mathbb{C} \setminus \{0\}$．又设 $a(z)(\not\equiv 0)$ 为周期为 c 的整函数且为 $f(z)$ 的小函数．若 $f(z)$ 和 $\Delta_c f$ 分担集合 $\{a(z), -a(z)\}$，$\{0\}$ CM，则 $f(z+c) \equiv 2f(z)$．

考虑定理 4.1.6 中 $P(z, f(z))$ 的系数全为多项式的情形，Chen－Chen[8]得到了下面的结论．

定理 4.1.7([8])．设 $f(z)$ 为有限级超越整函数，$c \in \mathbb{C} \setminus \{0\}$，且

$$P(z, f(z)) = b_k(z)f(z+kc) + \cdots + b_1(z)f(z+c) + b_0(z)f(z),$$

其中，$b_k(z) \not\equiv 0$，$b_0(z)$，…，$b_k(z)$ 为多项式，且 k 为非负整数．又设 $a_1(z)$，…，$a_n(z)$ 为互异的不恒为 0，周期为 c 的整函数且为 $f(z)$ 的小函数，其中 n 为正整数．若 $f(z)$ 和 $P(z, f(z))$ 分担集合 $\{a_1(z), \cdots, a_n(z)\}$，$\{0\}$ CM，则 $P(z, f(z)) = tf(z)$，对所有的 $z \in \mathbb{C}$ 成立，其中，$t \in \mathbb{C} \setminus \{0\}$．

注．对于两个集合 S_1，S_2 满足 $S_1 \subset S_2$，条件 $E_f(S_2) = E_g(S_2)$ 并不意味着 $E_f(S_1) = E_g(S_1)$．因此，定理 4.1.7 并非定理 4.1.6 的推论，且它们的证明方法也是不同的．

定理 4.1.8([77])．设 $f(z)$ 为有限级超越整函数，a 为非零有限复数．若 $f(z)$ 和 $\Delta_c f$ 分担集合 $\{a, -a\}$ CM，则 $f(z+c) \equiv 2f(z)$．

注．正如文献[77]中所提到的，我们自然要问：若将定理中的集合 $\{a, -a\}$ 换为 $\{a(z), b(z)\}$，其中，$a(z)$，$b(z)$ 为互异的周期为 c 的整函数且为 $f(z)$ 的小函数，则会得到怎样的结论呢？综合考虑定理 4.1.5 和定理 4.1.8，Chen－Chen[8]证明了下面的定理．

定理 4.1.9([8])．设 $f(z)$ 为有限级超越整函数，$c \in \mathbb{C} \setminus \{0\}$．又设 $a(z)(\not\equiv 0)$，$b(z)$ 为周期为 c 的整函数且为 $f(z)$ 的小函数，满足 $a(z)$ 和 $b(z)$ 在复平面上线性相关且 $b(z) \not\equiv \pm a(z)$．若 $f(z)$ 和 $\Delta_c f$ 分担集合 $\{a(z), -a(z)\}$，$\{b(z)\}$ CM，且对任意的 $\lambda \in (2/3, 1]$，有

$$N\left(r, \frac{1}{f(z) - b(z)}\right) \geqslant \lambda T(r, f), \qquad (4.1.2)$$

则

$$\frac{\Delta_c f - b(z)}{f(z) - b(z)} = t,$$

其中，$t \in \mathbb{C} \setminus \{0\}$．

4.1.2　本节定理的证明

定理 4.1.5 的证明．由定理 4.1.4 可知，若 $b(z) \equiv 0$，此时结论成立．下面假设

$b(z)\not\equiv 0$. 记

$$F(z)=\frac{(f(z+c)-a(z))(f(z+c)+a(z))}{(f(z)-a(z))(f(z)+a(z))},$$

则由定理1.1.12可得

$$T(r,F)\leqslant 2T(r,f).$$

故 $F(z)$ 为有限级亚纯函数.

由于 $f(z)$ 和 $f(z+c)$ 分担集合 $\{a(z),-a(z)\}$ CM，故 $F(z)$ 为有限级整函数且没有零点. 由 Hadamard 分解定理，我们知道没有零点的有限级整函数具有 $e^{p(z)}$ 的形式，其中，$p(z)$ 为多项式. 因而，

$$(f(z+c)-a(z))(f(z+c)+a(z))=(f(z)-a(z))(f(z)+a(z))e^{p(z)}. \tag{4.1.3}$$

类似地，由于 $f(z)$ 和 $f(z+c)$ 分担集合 $\{b(z)\}$ CM，故

$$f(z+c)-b(z)=(f(z)-b(z))e^{q(z)}, \tag{4.1.4}$$

其中，$q(z)$ 为多项式.

注意到，$a(z)$，$b(z)$ 为周期为 c 的整函数且为 $f(z)$ 的小函数. 由定理1.2.2和式(4.1.4)可知，

$$T(r,e^{q(z)})=m(r,e^{q(z)})=m\left(r,\frac{f(z+c)-b(z)}{f(z)-b(z)}\right)=o\left(\frac{T(r,f-b)}{r^{\delta}}\right),$$

至多除去一个具有有限对数测度的例外集. 于是，

$$T(r,e^{q(z)})=S(r,f). \tag{4.1.5}$$

类似地，由式(4.1.3)和定理1.2.2，得到

$$\begin{aligned}T(r,e^{p(z)})&=m(r,e^{p(z)})=m\left(r,\frac{(f(z+c)-a(z))(f(z+c)+a(z))}{(f(z)-a(z))(f(z)+a(z))}\right)\\&\leqslant m\left(r,\frac{f(z+c)-a(z)}{f(z)-a(z)}\right)+m\left(r,\frac{f(z+c)+a(z)}{f(z)+a(z)}\right)\\&=S(r,f).\end{aligned} \tag{4.1.6}$$

若 $e^{q(z)}\equiv 1$，则由式(4.1.4)，有 $f(z)\equiv f(z+c)$.

若 $e^{q(z)}\not\equiv 1$，将式(4.1.4)代入式(4.1.3)，则有

$$f(z)P(z,f)=Q(z,f), \tag{4.1.7}$$

其中

$$P(z,f)=(e^{2q(z)}-e^{p(z)})f(z), \tag{4.1.8}$$

$$Q(z,f)=2b(z)e^{q(z)}(e^{q(z)}-1)f(z)-b(z)^2(e^{q(z)}-1)^2-a(z)^2(e^{p(z)}-1). \tag{4.1.9}$$

注意到，$e^{q(z)}\not\equiv 1$ 和 $b(z)\not\equiv 0$. 由式(4.1.7)~式(4.1.9)，我们断言 $e^{2q(z)}-e^{p(z)}\not\equiv 0$. 事实上，若 $e^{2q(z)}-e^{p(z)}\equiv 0$，则有 $Q(z,f)\equiv 0$. 由式(4.1.5)，式(4.1.6)和式(4.1.9)，我们得到 $T(r,f)=S(r,f)$，这是不可能的.

因此，由式(4.1.7)~式(4.1.9)和Clunie引理，得到

$$T(r,(e^{2q(z)}-e^{p(z)})f(z))=m(r,(e^{2q(z)}-e^{p(z)})f(z))=m(r,P(z,f))=S(r,f).$$

结合式 (4.1.5) 和式 (4.1.6)，得到

$$T(r,\ f)\leqslant T(r,\ (e^{2q(z)}-e^{p(z)})f(z))+T(r,\ 1/(e^{2q(z)}-e^{p(z)}))=S(r,\ f),$$

这是不可能的．定理 4.1.5 证毕．

□

定理 4.1.6 的证明．与定理 4.1.5 的证明类似，我们得到

$$(P(z,\ f(z))-a(z))(P(z,\ f(z))+a(z))=(f(z)-a(z))(f(z)+a(z))e^{p(z)},\tag{4.1.10}$$

$$P(z,\ f(z))=f(z)e^{q(z)},\tag{4.1.11}$$

其中，$p(z)$ 和 $q(z)$ 为多项式．

若 $e^{2q(z)}\equiv 1$，则由式 (4.1.11)，有 $P(z,\ f(z))\equiv \pm f(z)$.

若 $e^{2q(z)}\not\equiv 1$，则由式 (4.1.11) 和定理 1.2.2，得到

$$\begin{aligned}T(r,\ e^{q(z)})&=m(r,\ e^{q(z)})=m\left(r,\ \frac{P(z,\ f(z))}{f(z)}\right)\\&\leqslant m\left(r,\ \frac{f(z+kc)}{f(z)}\right)+\cdots+m\left(r,\ \frac{f(z+c)}{f(z)}\right)+m(r,\ b_k(z))+\cdots+\\&\quad m(r,\ b_0(z))+O(1)\\&=S(r,\ f),\end{aligned}\tag{4.1.12}$$

其中，与 $S(r,\ f)$ 相关的例外集至多具有有限对数测度．

注意到，$f(z)$ 和 $P(z,\ f(z))$ 分担集合 $\{a(z),\ -a(z)\}$ CM. 现假设 z_0 为

$$(P(z,\ f(z))-a(z))(P(z,\ f(z))+a(z))$$

和

$$(f(z)-a(z))(f(z)+a(z))$$

的任意一个公共零点且满足 $a(z_0)\neq 0$. 于是

$$P(z_0,\ f(z_0))=\pm f(z_0)=\pm a(z_0).\tag{4.1.13}$$

由式 (4.1.11) 和式 (4.1.13)，得到

$$e^{2q(z_0)}=\left(\frac{P(z_0,\ f(z_0))}{f(z_0)}\right)^2=1.$$

因此，$(f(z)-a(z))f(z)+a(z))$ 的所有零点，只要不是 $a(z)$ 的零点，必为 $e^{2q(z)}-1$ 的零点．从而，我们得到

$$\begin{aligned}\overline{N}\left(r,\ \frac{1}{f(z)^2-a(z)^2}\right)&\leqslant N\left(r,\ \frac{1}{e^{2q(z)}-1}\right)+N\left(r,\ \frac{1}{a(z)}\right)\\&\leqslant 2T(r,\ e^{q(z)})+S(r,\ f)=S(r,\ f).\end{aligned}$$

这表明

$$\begin{aligned}&\overline{N}\left(r,\ \frac{1}{f(z)-a(z)}\right)+\overline{N}\left(r,\ \frac{1}{f(z)+a(z)}\right)\\&\leqslant\overline{N}\left(r,\ \frac{1}{f(z)^2-a(z)^2}\right)+\overline{N}\left(r,\ \frac{1}{a(z)}\right)=S(r,\ f).\end{aligned}\tag{4.1.14}$$

若 $(P(z,\ f(z))-a(z))(P(z,\ f(z))+a(z))$ 和 $(f(z)-a(z))(f(z)+a(z))$ 都没

有零点，则式（4.1.14）仍成立．

现令

$$g(z)=\frac{f(z)+a(z)}{f(z)-a(z)},$$

则

$$f(z)=a(z)+\frac{2a(z)}{g(z)-1}.$$

于是，我们得到

$$\begin{aligned}T(r,\ f)&\leqslant T(r,\ a)+T\left(r,\ \frac{2a}{g-1}\right)+\log 2\\&\leqslant 3T(r,\ a)+T(r,\ g-1)+O(1)=T(r,\ g)+S(r,\ f),\end{aligned}\tag{4.1.15}$$

以及

$$T(r,\ g)\leqslant 2T(r,\ f)+2T(r,\ a)+O(1)=2T(r,\ f)+S(r,\ f).\tag{4.1.16}$$

由式（4.1.15）和式（4.1.16）知，$S(r,\ g)=S(r,\ f)$.

应用第二基本定理的较精确形式（见定理1.1.7），再由式（4.1.14）得，

$$\begin{aligned}T(r,\ g)&\leqslant\overline{N}(r,\ g)+\overline{N}\left(r,\ \frac{1}{g}\right)+\overline{N}\left(r,\ \frac{1}{g-1}\right)+S(r,\ g)\\&\leqslant\overline{N}\left(r,\ \frac{1}{f-a}\right)+\overline{N}\left(r,\ \frac{1}{f+a}\right)+\overline{N}\left(r,\ \frac{1}{2a}\right)+S(r,\ f)\\&=S(r,\ f).\end{aligned}\tag{4.1.17}$$

考虑式（4.1.15）和式（4.1.17），得到 $T(r,\ f)\leqslant S(r,\ f)$，这是不可能的．定理4.1.6 证毕．

□

定理 4.1.7 的证明．与定理4.1.5 的证明类似，我们得到

$$\begin{aligned}&(P(z,\ f(z))-a_1(z))\cdots(P(z,\ f(z))-a_n(z))\\&=(f(z)-a_1(z))\cdots(f(z)-a_n(z))\mathrm{e}^{p(z)},\end{aligned}\tag{4.1.18}$$

其中，$p(z)$为多项式．这里，式（4.1.11）和式（4.1.12）仍成立．

若$q(z)\equiv q\in\mathbb{C}$，则由式（4.1.11），得到$P(z,\ f(z))=tf(z)$，$t=\mathrm{e}^q\in\mathbb{C}\setminus\{0\}$.

若$q(z)$为非常数多项式，对任意给定的亚纯函数$g(z)$，令

$$Q(z,\ g(z)):=P(z,\ g(z))-g(z)\mathrm{e}^{q(z)}.\tag{4.1.19}$$

由式（4.1.11）和式（4.1.19）知，$Q(z,\ f(z))\equiv 0$.

由于$a_1(z)$，…，$a_n(z)$为互异的周期为c的整函数且为$f(z)$的小函数，且对所有的$i=1,\ 2,\ \cdots,\ n$，满足$a_i(z)\not\equiv 0$，故

$$\begin{aligned}Q(z,\ a_i(z))&=P(z,\ a_i(z))-a_i(z)\mathrm{e}^{q(z)}\\&=b_k(z)a_i(z+kc)+\cdots+b_1(z)a_i(z+c)+b_0(z)a_i(z)-a_i(z)\mathrm{e}^{q(z)}\\&=(b_k(z)+\cdots+b_1(z)+b_0(z)-\mathrm{e}^{q(z)})a_i(z).\end{aligned}$$

根据假设$b_0(z)$，…，$b_k(z)$为多项式，$a_i(z)\not\equiv 0(i=1,\ 2,\ \cdots,\ n)$，且$q(z)$为非

常数多项式，故

$$Q(z,\ a_i(z))\not\equiv 0.$$

由引理1.2.7，对 $i=1,\ 2,\ \cdots,\ n$，我们有

$$m\left(r,\ \frac{1}{f(z)-a_i(z)}\right)=S(r,\ f),\tag{4.1.20}$$

其中，与 $S(r,\ f)$ 相关的例外集至多具有有限对数测度.

再由式（4.1.20）和定理1.2.2知，对 $i=1,\ 2,\ \cdots,\ n$，有

$$\begin{aligned}&m\left(r,\ \frac{P(z,\ f(z))-a_i(z)}{f(z)-a_i(z)}\right)\\ &\leqslant m\left(r,\ b_k(z)\frac{f(z+kc)-a_i(z)}{f(z)-a_i(z)}\right)+\cdots+m\left(r,\ b_1(z)\frac{f(z+c)-a_i(z)}{f(z)-a_i(z)}\right)+\\ &\quad m(r,\ b_0(z))+m\left(r,\ \frac{(b_k(z)+\cdots+b_1(z)+b_0(z)-1)a_i(z)}{f(z)-a_i(z)}\right)\\ &=S(r,\ f),\end{aligned}\tag{4.1.21}$$

其中，与 $S(r,\ f)$ 相关的例外集至多具有有限对数测度.

于是，由式（4.1.18）和式（4.1.21），得到

$$\begin{aligned}T(r,\mathrm{e}^{p(z)})&=m(r,\mathrm{e}^{p(z)})\\ &=m\left(r,\frac{(P(z,f(z))-a_1(z))\cdots(P(z,f(z))-a_n(z))}{(f(z)-a_1(z))\cdots(f(z)-a_n(z))}\right)\\ &\leqslant\sum_{i=1}^{n}m\left(r,\frac{P(z,f(z))-a_i(z)}{f(z)-a_i(z)}\right)=S(r,f).\end{aligned}\tag{4.1.22}$$

将式（4.1.11）代入式（4.1.18）得到

$$\begin{aligned}&(\mathrm{e}^{nq(z)}-\mathrm{e}^{p(z)})f(z)\cdot f(z)^{n-1}\\ &=\sum_{i=1}^{n}a_i(z)\cdot(\mathrm{e}^{(n-1)q(z)}-\mathrm{e}^{p(z)})f(z)^{n-1}-\\ &\quad\sum_{i=1}^{n}\sum_{j=1,j\neq i}^{n}a_i(z)a_j(z)\cdot(\mathrm{e}^{(n-2)q(z)}-\mathrm{e}^{p(z)})f(z)^{n-2}+\cdots+\\ &\quad(-1)^{n-1}a_1(z)\cdots a_n(z)(1-\mathrm{e}^{p(z)}).\end{aligned}\tag{4.1.23}$$

假设 $\mathrm{e}^{nq(z)}-\mathrm{e}^{p(z)}\not\equiv 0$. 则，由式（4.1.23）和Clunie引理，得到

$$T(r,\ (\mathrm{e}^{nq(z)}-\mathrm{e}^{p(z)})f(z))=m(r,\ (\mathrm{e}^{nq(z)}-\mathrm{e}^{p(z)})f(z))=S(r,\ f).$$

由式（4.1.12）和式（4.1.22），我们得到 $T(r,\ f)=S(r,\ f)$，这是不可能的.

因此，$\mathrm{e}^{nq(z)}-\mathrm{e}^{p(z)}\equiv 0$. 由于 $q(z)$ 为非常数多项式，故对任意的 $0\leqslant s\leqslant n-1$，有 $\mathrm{e}^{sq(z)}-\mathrm{e}^{p(z)}\not\equiv 0$. 现在我们考虑 $(\mathrm{e}^{(n-1)q(z)}-\mathrm{e}^{p(z)})f(z)^{n-1}$ 这一项的系数. 若 $a_1(z)+\cdots+a_n(z)\not\equiv 0$，则将式（4.1.23）写成如下形式

$$\begin{aligned}&\sum_{i=1}^{n}a_i(z)\cdot(\mathrm{e}^{(n-1)q(z)}-\mathrm{e}^{p(z)})f(z)^{n-1}\\ &=\sum_{i=1}^{n}\sum_{j=1,j\neq i}^{n}a_i(z)a_j(z)\cdot(\mathrm{e}^{(n-2)q(z)}-\mathrm{e}^{p(z)})f(z)^{n-2}-\end{aligned}$$

$$\sum_{i=1}^{n}\sum_{j=1,j\neq i}^{n}\sum_{l=1,l\neq i,j}^{n}a_i(z)a_j(z)a_l(z)\cdot(e^{(n-3)q(z)}-e^{p(z)})f(z)^{n-3}+\cdots+$$
$$(-1)^n a_1(z)\cdots a_n(z)(1-e^{p(z)}).$$

由 Clunie 引理（见定理 1.1.8），我们也可以类似地得到矛盾，即 $T(r,f)=S(r,f)$. 因此，$a_1(z)+\cdots+a_n(z)\equiv 0$. 这样一直做下去，可以证明每个项$(e^{sq(z)}-e^{p(z)})f(z)^s(s=1,\cdots,n-1)$的系数恒为零，从而

$$(-1)^n a_1(z)\cdots a_n(z)(1-e^{p(z)})\equiv 0.$$

这是不可能的．定理 4.1.7 证毕．

□

定理 4.1.9 的证明．与定理 4.1.5 的证明类似，我们得到

$$(\Delta_c f-a(z))(\Delta_c f+a(z))=(f(z)-a(z))(f(z)+a(z))e^{p(z)},\quad(4.1.24)$$

$$\Delta_c f-b(z)=(f(z)-b(z))e^{q(z)},\quad(4.1.25)$$

其中，$p(z)$和$q(z)$为多项式．

若$q(z)\equiv q\in\mathbb{C}$，则由式（4.1.25）得

$$\frac{\Delta_c f-b(z)}{f(z)-b(z)}=t,$$

其中，$t=e^q\in\mathbb{C}\setminus\{0\}$.

若$q(z)$为非常数多项式，则由式（4.1.2），有

$$m\left(r,\frac{1}{f(z)-b(z)}\right)\leqslant T(r,f)-N\left(r,\frac{1}{f(z)-b(z)}\right)+S(r,f)$$
$$\leqslant(1-\lambda)T(r,f)+S(r,f),\quad(4.1.26)$$

其中，$\lambda\in(2/3,1]$.

再由式（4.1.25），式（4.1.26）和定理 1.2.3，我们得到

$$T(r,e^{q(z)})=m(r,e^{q(z)})=m\left(r,\frac{\Delta_c f-b(z)}{f(z)-b(z)}\right)$$
$$\leqslant m\left(r,\frac{\Delta_c f}{f(z)-b(z)}\right)+m\left(r,\frac{1}{f(z)-b(z)}\right)+m(r,b(z))+O(1)$$
$$\leqslant(1-\lambda)T(r,f)+S(r,f),\quad(4.1.27)$$

其中，与$S(r,f)$相关的例外集至多具有有限对数测度．

注意到，$f(z)$和$\Delta_c f$分担集合$\{a(z),-a(z)\}$ CM. 现设z_0为$(\Delta_c f-a(z))(\Delta_c f+a(z))$和$(f(z)-a(z))(f(z)+a(z))$的任意一个公共零点且满足$a(z_0)\neq 0$和$b(z_0)\pm a(z_0)\neq 0$. 于是

$$\Delta_c f(z_0)=\pm f(z_0)=\pm a(z_0).\quad(4.1.28)$$

又由于$a(z_0)\neq 0$和$b(z_0)\pm a(z_0)\neq 0$，故由式（4.1.25），得到

$$\frac{\Delta_c f(z_0)-b(z_0)}{f(z_0)-b(z_0)}=e^{q(z_0)}.\quad(4.1.29)$$

由于$a(z)$和$b(z)$在复平面上线性相关且$b(z)\not\equiv\pm a(z)$，故存在一个$\alpha\in\mathbb{C}\setminus$

$\{-1, 1\}$使得

$$b(z)=\alpha a(z).$$

令$\beta=\frac{2}{\alpha-1}+1$. 因此，$\beta\neq 0$ 且

$$a(z)+b(z)=\beta(b(z)-a(z)).$$

关于式（4.1.28）和式（4.1.29），需考虑以下四种情况：(i)若$f(z_0)=a(z_0)$，$\Delta_c f(z_0)=a(z_0)$，则$e^{q(z_0)}=1$；(ii)若$f(z_0)=a(z_0)$，$\Delta_c f(z_0)=-a(z_0)$，则$e^{q(z_0)}=\beta$；(iii)若$f(z_0)=-a(z_0)$，$\Delta_c f(z_0)=a(z_0)$，则$e^{q(z_0)}=\frac{1}{\beta}$；(iv)若$f(z_0)=-a(z_0)$，$\Delta_c f(z_0)=-a(z_0)$，则$e^{q(z_0)}=1$. 于是我们得到

$$(e^{q(z_0)}-1)(e^{q(z_0)}-\beta)\left(e^{q(z_0)}-\frac{1}{\beta}\right)=0.$$

因此，$(f(z)-a(z))(f(z)+a(z))$的所有零点，只要不是$a(z)$或$b(z)\pm a(z)$的零点，那么必为$e^{q(z)}-1$，$e^{q(z)}-\beta$或$e^{q(z)}-\frac{1}{\beta}$的零点.

从而，我们得到

$$\begin{aligned}\overline{N}\left(r,\frac{1}{f(z)^2-a(z)^2}\right)&\leqslant N\left(r,\frac{1}{e^{q(z)}-1}\right)+N\left(r,\frac{1}{e^{q(z)}-\beta}\right)+\\&\quad N\left(r,\frac{1}{e^{q(z)}-\frac{1}{\beta}}\right)+N\left(r,\frac{1}{a(z)}\right)+N\left(r,\frac{1}{b(z)\pm a(z)}\right)\\&\leqslant 3T(r,e^{q(z)})+S(r,f)\\&\leqslant 3(1-\lambda)T(r,f)+S(r,f).\end{aligned}$$

这表明

$$\overline{N}\left(r,\frac{1}{f(z)-a(z)}\right)+\overline{N}\left(r,\frac{1}{f(z)+a(z)}\right)\leqslant 3(1-\lambda)T(r,f)+S(r,f). \tag{4.1.30}$$

若$(\Delta_c f-a(z))(\Delta_c f+a(z))$和$(f(z)-a(z))(f(z)+a(z))$都没有零点，则式(4.1.30)仍成立.

令$g(z)=\frac{f(z)+a(z)}{f(z)-a(z)}$. 与定理4.1.6的证明类似，我们可以得到式（4.1.15）和$S(r,g)=S(r,f)$. 再由第二基本定理的较精确形式（见定理1.1.5)和式（4.1.30)，得到

$$\begin{aligned}T(r,g)&\leqslant\overline{N}(r,g)+\overline{N}\left(r,\frac{1}{g}\right)+\overline{N}\left(r,\frac{1}{g-1}\right)+S(r,g)\\&\leqslant\overline{N}\left(r,\frac{1}{f-a}\right)+\overline{N}\left(r,\frac{1}{f+a}\right)+\overline{N}\left(r,\frac{1}{2a}\right)+S(r,f)\\&\leqslant 3(1-\lambda)T(r,f)+S(r,f).\end{aligned} \tag{4.1.31}$$

结合式（4.1.15）和式（4.1.31)，得到$(3\lambda-2)T(r,f)\leqslant S(r,f)$. 又由于$\lambda\in(2/3,1]$，

故这是不可能的．定理4.1.9证毕．

□

4.2 与其差分多项式分担两个特殊集合的亚纯函数的唯一性

4.2.1 引言和主要结果

首先给出 Lahiri - Banerjee[54]引入的关于权分担集合的概念．这方面的相关研究可以参考文献[1, 53 - 55]等．

定义 4.2.1 ([53])．设 k 为非负整数或∞．对 $a\in\hat{\mathbb{C}}=\mathbb{C}\cup\{\infty\}$，记 $E_k(a;f)$ 为 f 所有 a 值点的集合，其中重级不超过 k 的 m 重 a 值点，仍记 m 次；重级超过 k 的 a 值点，记 $k+1$ 次．

注．从定义4.2.1中，容易看出，$E_1(a;f)$ 中的每个元素在 $N_2\left(r,\dfrac{1}{f-a}\right)$ 中仅记一次．

定义 4.2.2([53])．设 k 为非负整数或∞．对 $a\in\hat{\mathbb{C}}$，若 $E_k(a;f)=E_k(a;g)$，则称f，g 分担 a，且权为 k.

从以上两个定义可以看出，若f，g 分担 a，且权为 k，则对任意整数 p 满足 $0\leqslant p<k$，有f，g 分担 a，且权为p. 此外，我们注意到，f，g 分担 a CM(IM)当且仅当f，g 分担 a，且权分别为∞(0).

定义 4.2.3 ([53])．设 $S\subset\hat{\mathbb{C}}$. 记 $E_f(S,k)$ 为 $E_f(S,k)=\bigcup\limits_{a\in S}E_k(a;f)$，其中，$k$ 为非负整数或∞.

在本节中，我们考虑以下两个特殊集合：

$$S_1=\{1,\ \omega,\ \cdots,\ \omega^{n-1}\},\ S_2=\{\infty\},$$

其中，$\omega^n=1$，且 n 为正整数．

2010年，在文献[110]中，Zhang 研究了亚纯函数$f(z)$与其位移$f(z+c)$在分担两个集合时所满足的关系，证明了下面的两个结果．

定理 4.2.1([110])．设$f(z)$为非常数有限级亚纯函数，且满足 $E_{f(z)}(S_j,\infty)=E_{f(z+c)}(S_j,\infty)(j=1,2)$. 若 $n\geqslant 4$，则 $f(z)\equiv tf(z+c)$，其中，$t^n=1$.

定理 4.2.2([110])．设 $m\geqslant 2$，$n\geqslant 2m+4$，n 和 $n-m$ 没有公因子．又设 a，b 为非零常数，使得方程 $\omega^n+a\omega^{n-m}+b=0$ 没有重根，且 $S=\{\omega\mid\omega^n+a\omega^{n-m}+b=0\}$. 若$f(z)$为非常数有限级亚纯函数，且满足 $E_{f(z)}(S,\infty)=E_{f(z+c)}(S,\infty)$ 和 $E_{f(z)}(\{\infty\},\infty)=E_{f(z+c)}(\{\infty\},\infty)$，则 $f(z)\equiv f(z+c)$.

现在自然要问：将定理4.2.1和定理4.2.2中的$f(z+c)$换为 $\Delta_c f$，可以得到怎样的结论？关于这个问题，Chen - Chen - Li[6]证明了下面的结果．

定理 4.2.3([6])．设$f(z)$为非常数有限级亚纯函数，且满足 $E_{f(z)}(S_1,2)=E_{\Delta_c f}(S_1,2)$ 和 $E_{f(z)}(S_2,\infty)=E_{\Delta_c f}(S_2,\infty)$. 若 $n\geqslant 7$，则 $\Delta_c f\equiv tf(z)$，其中，$t^n=1$，且 $t\neq -1$.

由定理4.2.3即得下述推论，它与定理4.2.1的结论对应．

推论 4.2.1([6]). 设$f(z)$为非常数有限级亚纯函数，且满足$E_{f(z)}(S_1,\ \infty)=E_{\Delta_c f}(S_1,\ \infty)$和$E_{f(z)}(S_2,\ \infty)=E_{\Delta_c f}(S_2,\ \infty)$. 若$n\geqslant 7$，则$\Delta_c f\equiv tf(z)$，其中，$t^n=1$，且$t\neq -1$.

应用与定理4.2.3类似的证明方法，可以证明下述推论.

推论 4.2.2([6]). 在推论4.2.1的条件下，若$f(z)$为非常数有限级整函数，且$n\geqslant 5$，则推论4.2.1的结论仍然成立.

在考虑用其他的权分担条件代替定理4.2.3中关于分担集合S_1或S_2的条件时，证明了以下结论.

定理 4.2.4([6]). 设$f(z)$为非常数有限级亚纯函数，且满足$E_{f(z)}(S_1,\ 0)=E_{\Delta_c f}(S_1,\ 0)$和$E_{f(z)}(S_2,\ \infty)=E_{\Delta_c f}(S_2,\ \infty)$. 若存在常数$\alpha(0<\alpha\leqslant 2)$，使得

$$\overline{N}(r,\ f)+\overline{N}\left(r,\ \frac{1}{f(z)}\right)<\alpha T(r,\ f), \tag{4.2.1}$$

且$n\geqslant \dfrac{15\alpha}{2}+4$，则$\Delta_c f\equiv tf(z)$，其中，$t^n=1$，且$t\neq -1$.

定理 4.2.5([6]). 设$f(z)$为非常数有限级亚纯函数，且满足$E_{f(z)}(S_1,\ 2)=E_{\Delta_c f}(S_1,\ 2)$和$E_{f(z)}(S_2,\ 0)=E_{\Delta_c f}(S_2,\ 0)$. 若

$$\limsup_{r\to\infty}\frac{N\left(r,\ \dfrac{1}{f(z)}\right)}{T(r,\ f)}<1, \tag{4.2.2}$$

且$n\geqslant 7$，则$\Delta_c f\equiv tf(z)$，其中，$t^n=1$，且$t\neq -1$.

下述定理4.2.6通过增加其他的条件以调整定理4.2.3中n的下界. 其证明方法与定理4.2.3类似，这里不再给出.

定理 4.2.6([6]). 设$f(z)$为非常数有限级亚纯函数，且满足$E_{f(z)}(S_1,\ 2)=E_{\Delta_c f}(S_1,\ 2)$和$E_{f(z)}(S_2,\ \infty)=E_{\Delta_c f}(S_2,\ \infty)$. 若

$$\overline{N}(r,\ f)+\overline{N}\left(r,\ \frac{1}{f(z)}\right)=S(r,\ f),$$

且$n\geqslant 3$，则$\Delta_c f\equiv tf(z)$，其中，$t^n=1$，且$t\neq -1$.

例 4.2.1. 设$f(z)=e^z$，$n\geqslant 3$，c为常数且满足$e^c=1+e^{\frac{2\pi i}{n}}$. 注意到$\Delta_c f(z)=e^{\frac{2\pi i}{n}}f(z)$，于是

$$\prod_{k=0}^{n-1}\left(\Delta_c f(z)-e^{\frac{2k\pi i}{n}}\right)=\prod_{k=0}^{n-1}\left(f(z)-e^{\frac{2k\pi i}{n}}\right).$$

由此即知，$E_{f(z)}(S_1,\ \infty)=E_{\Delta_c f}(S_1,\ \infty)$以及$E_{f(z)}(S_2,\ \infty)=E_{\Delta_c f}(S_2,\ \infty)$. 这个例子满足定理4.2.3～定理4.2.6.

注. 目前，还不清楚定理4.2.3～定理4.2.6中n的下界是否精确.

Chen－Chen[6]还给出了与定理4.2.2对应的结果.

定理 4.2.7. 设$m\geqslant 2$，$n\geqslant 2m+4$，n和$n-m$没有公因子. 设a，b为非零常数，使得方程$\omega^n+a\omega^{n-m}+b=0$没有重根，且$S=\{\omega\,|\,\omega^n+a\omega^{n-m}+b=0\}$. 又设$f(z)$为非

常数有限级亚纯函数，且满足 $E_{f(z)}(S,\infty)=E_{\Delta_c f}(S,\infty)$ 和 $E_{f(z)}(\{\infty\},\infty)=E_{\Delta_c f}(\{\infty\},\infty)$. 若

$$N\left(r,\frac{1}{\Delta_c f}\right)=T(r,f)+S(r,f),\tag{4.2.3}$$

则 $\Delta_c f\equiv f(z)$.

2014 年，Li - Chen[68]进一步推广了定理4.2.7 的结果. 他们考虑以下关于$f(z)$的差分多项式：

$$L(z,f)=b_k(z)f(z+c_k)+\cdots+b_0(z)f(z+c_0),\tag{4.2.4}$$

其中，$b_k(z)\neq 0$，$b_0(z)$，…，$b_k(z)$均为$f(z)$的小函数，c_0，…，c_k 为复常数，k 为非负整数，满足以下条件之一：

(i) $b_0(z)+\cdots+b_k(z)\equiv 1$；

(ii) $b_0(z)+\cdots+b_k(z)\equiv 0$，且

$$N\left(r,\frac{1}{L(z,f)}\right)=T(r,f)+S(r,f),\tag{4.2.5}$$

证明了以下一系列结论.

定理 4.2.8([68]). 设 $m\geqslant 2$，$n\geqslant 2m+4$ 为整数，满足 n 与 $n-m$ 无公共因子，a 为 b 为两个非零常数，使得方程 $\omega^n+a\omega^{n-m}+b=0$ 无重根. 记 $S=\{\omega\,|\,\omega^n+a\omega^{n-m}+b=0\}$. 假设$f(z)$为有限级非常数亚纯函数，且 $L(z,f)$满足式 (4.2.4)和式(4.2.5). 若 $E_{f(z)}(S)=E_{L(z,f)}(S)$且 $E_{f(z)}(\{\infty\})=E_{L(z,f)}(\{\infty\})$，则 $L(z,f)\equiv f(z)$.

推论 4.2.3([68]). 设 n，m 和 S 满足定理 4.2.8 的条件，$k\geqslant 1$. 假设$f(z)$有限级非常数亚纯函数，且满足

$$N\left(r,\frac{1}{\Delta_c^k f}\right)=T(r,f)+S(r,f).$$

若 $E_{f(z)}(S)=E_{\Delta_c^k f(z)}(S)$且 $E_{f(z)}(\{\infty\})=E_{\Delta_c^k f(z)}(\{\infty\})$，则 $\Delta_c^k f\equiv f(z)$.

对$f(z)$的增长级加以限制，可得

定理 4.2.9([68]). 设 n，m 和 S 满足定理 4.2.8 的条件. 假设 $f(z)$ 有限级非常数亚纯函数，且满足 $\rho(f)\notin\mathbf{N}$. 若 $E_{f(z)}(S)=E_{L(z,f)}(S)$且 $E_{f(z)}(\{\infty\})=E_{L(z,f)}(\{\infty\})$，则 $L(z,f)\equiv f(z)$.

注. 注意到在定理4.2.9 中，并不要求$L(z,f)$满足条件(4.2.5). 这是由于$\rho(f)\notin\mathbf{N}$可知，在定理4.2.8 的证明中出现的式 (4.2.22)，满足 $\rho(\mathrm{e}^{h(z)})=\deg(h(z))<\rho(f)$，故 $T(r,\mathrm{e}^{h(z)})=S(r,f)$，则类似定理 4.2.8 的证明，可以证明定理 4.2.9 也成立.

下面考虑将定理 4.2.8 中的条件 $m\geqslant 2$ 改为 $m=1$ 或 $m=0$. 有以下结论.

定理 4.2.10([68]). 设 n，m 为非负整数 $n>m$，a，b 为非零常数，使得方程 $\omega^n+a\omega^{n-m}+b=0$ 无重根. 记 $S_1=\{\omega:\ \omega^n+a\omega^{n-m}+b=0\}\neq\varnothing$，$S_2=\{\infty\}$和 $S_3=\{0\}$. 假设$f(z)$为有限级非常数亚纯函数，且 $L(z,f)$ 满足式 (4.2.4)和式 (4.2.5). 若 $E_{f(z)}(S)=E_{L(z,f)}(S)$且对$j=1,2,3$，$E_{f(z)}(S_j)=E_{L(z,f)}(S_j)$，则

(i)当 $m=0$ 时，$L(z, f)\equiv tf(z)$，其中，$t^n=1$；

(ii)当 m 和 n 互素时，$L(z, f)\equiv f(z)$.

注．显然地，当 $m=1$ 时，定理 4.2.10 的结论(ii)对任意正整数 $n>m$ 总成立．

推论 4.2.4([68])．设 n，m 和 S_j，$j=1$，2，3 满足定理 4.2.10 的条件，$k\geqslant 1$. 若 $f(z)$ 为有限级非常数亚纯函数，满足

$$N\left(r, \frac{1}{f(z)}\right)=T(r, f)+S(r, f),$$

且对 $j=1$，2，3，$E_{f(z)}(S_j)=E_{\Delta_c^k f}(S_j)$，则

(i)当 $m=0$ 时，$\Delta_c^k f\equiv tf(z)$，其中，$t^n=1$；

(ii)当 m 和 n 互素时，$\Delta_c^k f\equiv f(z)$.

最后，给出一些例子．

例 4.2.2. 设 $g(z)$ 是一个周期为 1 的整函数，满足 $\rho(g)\in(1, \infty)\setminus\mathbb{N}$.

(1)考虑条件(4.2.5)中的(i)，令 $f_1(z)=e^{2\pi iz}$，$f_2(z)=g(z)e^{2\pi iz}$，$f_3(z)=e^{2\pi iz}/g(z)$ 和 $L(z, f_j)=2f_j(z)-f_j(z+1)$. 则对 $j=1$，2，3，$L(z, f_j)=f_j(z)$，且 $L(z, f_j)$ 的系数之和为 1. 这些例子满足定理 4.2.8 和定理 4.2.10，但不满足定理 4.2.7.

(2)考虑(4.2.5)中的(ii)，令 $f(z)=e^{z\log 2}g(z)$ 和 $L(z, f)=\Delta f(z)=f(z+1)-f(z)$. 则 $L(z, f)=\Delta f(z)=f(z)$，$L(z, f_j)$ 的系数之和为 0，且

$$N\left(r, \frac{1}{\Delta f}\right)=N\left(r, \frac{1}{f}\right)=T(r, f)+S(r, f).$$

这个例子满足定理 4.2.8、定理 4.2.10、推论 4.2.1 和推论 4.2.2.

(3)考虑定理 4.2.9，令 $f(z)=e^{z\log 3}/g(z)$ 和 $L(z, f)=f(z+1)-2f(z)$. 则 $L(z, f)=f(z)$，$L(z, f_j)$ 的系数之和为 -1. 这个例子满足 4.2.9，但不满足定理 4.2.7，定理 4.2.8 和定理 4.2.10.

4.2.2　本节所需的引理

引理 4.2.1([1])．设 F，G 为复平面上的非常数亚纯函数．若 $E_2(1; F)=E_2(1; G)$ 且 $E_k(\infty; F)=E_k(\infty; G)$，其中，$0\leqslant k\leqslant\infty$，则以下结论之一成立：

(i) $T(r, F)+T(r, G)\leqslant 2\left\{N_2\left(r, \frac{1}{F}\right)+N_2\left(r, \frac{1}{G}\right)+\overline{N}(r, F)+\overline{N}(r, G)+\overline{N}_*(r, \infty; F, G)\right\}+S(r, F)+S(r, G)$；

(ii) $F\equiv G$；

(iii) $FG\equiv 1$，

其中，$\overline{N}_*(r, \infty; F, G)$ 表示 F 的重级异于 G 的极点的计数函数，每个极点仅计一次．

引理 4.2.2([107])．设 $f(z)$，$g(z)$ 为亚纯函数．若 $f(z)$ 和 $g(z)$ 分担 1 IM，且满足

$$\limsup_{r\to\infty}\frac{N^*(r, f)+N^*(r, g)+N^*\left(r, \frac{1}{f}\right)+N^*\left(r, \frac{1}{g}\right)}{T(r, f)+T(r, g)}<1,$$

其中，$N^*(r, f) = 2N_2(r, f) + 3\overline{N}(r, f)$，则 $f \equiv g$ 或 $fg \equiv 1$.

设 $f(z)$ 为有限级亚纯函数. 注意到，若 $L(z, f)(\not\equiv 0)$ 具有式 (4.2.4) 的形式，满足 $b_0(z) + \cdots + b_k(z) \equiv 0$，则对任意给定的重数 a，$L(z, a) = 0$. 这要求 $L(z, f) = L(z, f - a)$，因此

$$m\left(r, \frac{L(z, f)}{f - a}\right) = m\left(r, \frac{L(z, f - a)}{f - a}\right)$$

$$\leqslant \sum_{j=0}^{k} m\left(r, \frac{b_j(z)(f(z + c_j) - a)}{f - a}\right) + S(r, f) = S(r, f).$$

由上式，利用 Halburd – Korhonen[40] 证明 Nevanlinna 第二基本定理的差分模拟的方法，容易证明下面的引理 4.2.3.

引理 4.2.3. 设 $c \in \mathbb{C}$，$f(z)$ 为有限级亚纯函数，$L(z, f) \not\equiv 0$ 具有式 (4.2.4) 的形式，满足 $b_0(z) + \cdots + b_k(z) \equiv 0$. 再设 $q \geqslant 2$，$a_1, \cdots, a_q$ 为不同的常数. 则

$$m(r, f) + \sum_{i=1}^{q} m\left(r, \frac{1}{f - a_i}\right) \leqslant 2T(r, f) - N^*(r, f) + S(r, f), \tag{4.2.6}$$

其中

$$N^*(r, f) := 2N(r, f) - N(r, L(z, f)) + N\left(r, \frac{1}{L(z, f)}\right),$$

且与 $S(r, f)$ 相关的例外集具有有限对数测度.

注. 将线性差分多项式 $L(z, f)$ 换为

$$L^*(z, f) = b_k(z)f(z + kc) + \cdots + b_1(z)f(z + c) + b_0(z)f(z),$$

引理 4.2.3 依然成立. 即使进一步将常数 $a_1, \cdots, a_q$ 也换为周期为 c 的亚纯周期函数 $a_1(z), \cdots, a_q(z)(i = 1, \cdots, q)$，也是如此.

4.2.3 本节定理的证明

定理 4.2.3 的证明. 令 $F = (\Delta_c f)^n$，$G = f(z)^n$. 注意到 $E_{f(z)}(S_1, 2) = E_{\Delta_c f}(S_1, 2)$，我们知道 F 和 G 分担 1，且权为 2，即 $E_2(1; F) = E_2(1; G)$.

由于 $f(z)$ 和 $\Delta_c f$ 分担 ∞ CM，故有 $N(r, \Delta_c f) = N(r, f)$ 以及 $\overline{N}(r, \Delta_c f) = \overline{N}(r, f)$. 此外，对任意的 $0 \leqslant k \leqslant \infty$，我们有 F 和 G 分担 ∞，且权为 k，并且

$$\overline{N}_*(r, \infty; F, G) = 0. \tag{4.2.7}$$

同时，注意到

$$N_2\left(r, \frac{1}{F}\right) = 2\overline{N}\left(r, \frac{1}{\Delta_c f}\right), \overline{N}(r, F) = \overline{N}(r, \Delta_c f),$$

$$N_2\left(r, \frac{1}{G}\right) = 2\overline{N}\left(r, \frac{1}{f(z)}\right), \overline{N}(r, G) = \overline{N}(r, f). \tag{4.2.8}$$

结合式（4.2.7）和式（4.2.8），得到

$$
\begin{aligned}
&N_2\left(r,\frac{1}{F}\right)+N_2\left(r,\frac{1}{G}\right)+\overline{N}(r,F)+\overline{N}(r,G)+\overline{N}_*(r,\infty;F,G)\\
&=2\overline{N}\left(r,\frac{1}{\Delta_c f}\right)+2\overline{N}\left(r,\frac{1}{f(z)}\right)+\overline{N}(r,\Delta_c f)+\overline{N}(r,f)\\
&\leqslant 2T\left(r,\frac{1}{\Delta_c f}\right)+2T\left(r,\frac{1}{f(z)}\right)+T(r,\Delta_c f)+T(r,f)+S(r,\Delta_c f)+S(r,f)\\
&\leqslant 3\{T(r,\Delta_c f)+T(r,f)\}+S(r,\Delta_c f)+S(r,f). \qquad (4.2.9)
\end{aligned}
$$

另一方面，我们有

$$T(r,F)+T(r,G)=n\{T(r,\Delta_c f)+T(r,f)\}. \qquad (4.2.10)$$

假设定理 4.2.1 的情况（i）成立. 再结合式（4.2.9）和式（4.2.10），得到

$$(n-6)\{T(r,\Delta_c f)+T(r,f)\}\leqslant S(r,\Delta_c f)+S(r,f),$$

显然，这与 $n\geqslant 7$ 的条件矛盾.

因此，由引理 4.2.1 知，$F\equiv G$ 或 $FG\equiv 1$.

若 $F\equiv G$，即 $(\Delta_c f)^n=f(z)^n$，则存在常数 $t\in\mathbb{C}$，使得 $\Delta_c f\equiv tf(z)$，其中，$t^n=1$. 由于 $f(z)$ 为非常数亚纯函数，故 $t\neq -1$.

若 $FG\equiv 1$，则

$$(\Delta_c f)^n\equiv\frac{1}{f(z)^n}. \qquad (4.2.11)$$

由于 $f(z)$ 和 $\Delta_c f$ 分担∞ CM，故

$$N\left(r,\frac{\Delta_c f}{f(z)}\right)\leqslant N\left(r,\frac{1}{f(z)}\right)\leqslant T(r,f)+S(r,f). \qquad (4.2.12)$$

再由式（4.2.11），式（4.2.12）和定理 1.2.3，我们得到

$$
\begin{aligned}
2nT(r,f)&=T\left(r,\frac{1}{f(z)^{2n}}\right)+O(1)=T\left(r,\frac{1}{f(z)^n}\cdot(\Delta_c f)^n\right)+O(1)\\
&=nm\left(r,\frac{\Delta_c f}{f(z)}\right)+nN\left(r,\frac{\Delta_c f}{f(z)}\right)+O(1)\\
&\leqslant nT(r,f)+S(r,f).
\end{aligned}
$$

因而，$T(r,f)=S(r,f)$，这是不可能的. 定理 4.2.3 证毕.

□

定理 4.2.4 的证明. 显然，在定理 4.2.4 的条件下，我们仍有 $N(r,\Delta_c f)=N(r,f)$ 以及 $\overline{N}(r,\Delta_c f)=\overline{N}(r,f)$.

再由定理 1.2.3，得到

$$
\begin{aligned}
T(r,\Delta_c f)&=m(r,\Delta_c f)+N(r,\Delta_c f)\\
&\leqslant m\left(r,\frac{\Delta_c f}{f(z)}\right)+m(r,f)+N(r,f)\\
&\leqslant T(r,f)+S(r,f). \qquad (4.2.13)
\end{aligned}
$$

由此即得 $S(r,\Delta_c f)=o(T(r,f))$.

令 $F=(\Delta_c f)^n$，$G=f(z)^n$. 由于 $E_{f(z)}(S_1,0)=E_{\Delta_c f}(S_1,0)$，故 F 和 G 分担 1 IM. 应用第二基本定理的较精确形式（见定理 1.1.15），再由式（4.2.1），我们得到

$$\begin{aligned} nT(r,f)=T(r,G) &\leqslant \overline{N}(r,G)+\overline{N}\left(r,\frac{1}{G}\right)+\overline{N}\left(r,\frac{1}{G-1}\right)+S(r,G)\\ &\leqslant \overline{N}(r,G)+\overline{N}\left(r,\frac{1}{G}\right)+\overline{N}\left(r,\frac{1}{F-1}\right)+S(r,G)\\ &\leqslant \overline{N}(r,f)+\overline{N}\left(r,\frac{1}{f(z)}\right)+\overline{T}\left(r,\frac{1}{F-1}\right)+S(r,f)\\ &<\alpha T(r,f)+nT(r,\Delta_c f)+S(r,f). \end{aligned} \tag{4.2.14}$$

这就表明

$$T(r,f)<\frac{n}{n-\alpha}T(r,\Delta_c f)+S(r,f). \tag{4.2.15}$$

再由式（4.2.15）以及条件 $n\geqslant\frac{15\alpha}{2}+4$，我们得到

$$\begin{aligned} T(r,F)+T(r,G) &= n\{T(r,\Delta_c f)+T(r,f)\}\\ &> n\left(1+\frac{n-\alpha}{n}\right)T(r,f)+S(r,f)\\ &=(2n-\alpha)T(r,f)+S(r,f)\\ &\geqslant(14\alpha+8)T(r,f)+S(r,f). \end{aligned} \tag{4.2.16}$$

另一方面，注意到

$$\begin{aligned} &N^*(r,G)=2N_2(r,G)+3\overline{N}(r,G)\leqslant 7\overline{N}(r,f),\\ &N^*\left(r,\frac{1}{G}\right)=2N_2\left(r,\frac{1}{G}\right)+3\overline{N}\left(r,\frac{1}{G}\right)\leqslant 7\overline{N}\left(r,\frac{1}{f(z)}\right). \end{aligned} \tag{4.2.17}$$

结合式（4.2.1）和式（4.2.17），得到

$$\begin{aligned} N^*(r,G)+N^*\left(r,\frac{1}{G}\right) &\leqslant 7\left\{\overline{N}(r,f)+\overline{N}\left(r,\frac{1}{f(z)}\right)\right\}\\ &<7\alpha T(r,f). \end{aligned} \tag{4.2.18}$$

由于 $f(z)$ 和 $\Delta_c f$ 分担 ∞ CM，故，由式（4.2.1）知，

$$N^*(r,F)\leqslant 7\overline{N}(r,\Delta_c f)=7\overline{N}(r,f)<7\alpha T(r,f).$$

与式（4.2.18）类似，我们得到

$$\begin{aligned} N^*(r,F)+N^*\left(r,\frac{1}{F}\right) &\leqslant 7\left\{\overline{N}(r,\Delta_c f)+\overline{N}\left(r,\frac{1}{\Delta_c f}\right)\right\}\\ &<7\{\alpha T(r,f)+T(r,\Delta_c f)\}+S(r,\Delta_c f)\\ &\leqslant 7(\alpha+1)T(r,f)+S(r,f). \end{aligned} \tag{4.2.19}$$

再结合式（4.2.18）和式（4.2.19），得到

$$\begin{aligned} &N^*(r,F)+N^*(r,G)+N^*\left(r,\frac{1}{F}\right)+N^*\left(r,\frac{1}{G}\right)\\ &<(14\alpha+7)T(r,f)+S(r,f). \end{aligned} \tag{4.2.20}$$

因此，由式（4.2.16）和式（4.2.20），我们得到

$$\limsup_{r\to\infty}\frac{N^*(r,F)+N^*(r,G)+N^*\left(r,\frac{1}{F}\right)+N^*\left(r,\frac{1}{G}\right)}{T(r,F)+T(r,G)}\leqslant\frac{14\alpha+7}{14\alpha+8}<1.$$

从而，由引理 4.2.2 知，$F\equiv G$ 或 $FG\equiv 1$.

再使用与定理 4.2.3 类似的证明方法讨论以上两种情况，即得定理 4.2.4 的结论.

□

定理 4.2.8 的证明. 由于 $f(z)$ 和 $L(z,f)$ 分担 ∞ CM，故

$$L(z,f)\not\equiv 0,N(r,L(z,f))=N(r,f).$$

则由定理 1.2.3 可得

$$\begin{aligned}T(r,L(z,f)) &= m(r,L(z,f))+N(r,L(z,f))\\ &\leqslant m\left(r,\frac{L(z,f)}{f(z)}\right)+m(r,f)+N(r,f)\\ &\leqslant \sum_{i=0}^{k}m\left(r,\frac{f(z+c_i)}{f(z)}\right)+\sum_{i=0}^{k}m(r,b_i(z))+T(r,f)\\ &\leqslant T(r,f)+S(r,f).\end{aligned}\tag{4.2.21}$$

即 $L(z,f)$ 为有限级亚纯函数.

注意到 $E_{f(z)}(S)=E_{L(z,f)}(S)$，其中，$S=\{\omega\mid\omega^n+a\,\omega^{n-m}+b=0\}$，方程 $\omega^n+a\,\omega^{n-m}+b=0$ 无重根，易知 $(L(z,f))^n+a(L(z,f))^{n-m}+b$ 和 $f(z)^n+af(z)^{n-m}+b$ 分担 0 CM. 再由条件 $E_{f(z)}(\{\infty\})=E_{L(z,f)}(\{\infty\})$ 可知，存在多项式 $h(z)$，使得

$$\frac{(L(z,f))^n+a(L(z,f))^{n-m}+b}{f(z)^n+af(z)^{n-m}+b}=e^{h(z)}.\tag{4.2.22}$$

假设 $e^{h(z)}\not\equiv 1$. 首先证明此时 $T(r,e^{h(z)})=S(r,f)$. 为此，记 $\omega^n+a\omega^{n-m}+b=0$ 的根为 ω_1，…，ω_n. 显然这些根互不相等.

易得

$$\begin{aligned}L(z,f)-\omega_i &= b_k(z)(f(z+c_k)-f(z))+\cdots+b_0(z)(f(z+c_0)-f(z))+\\ &\quad (b_k(z)+\cdots+b_0(z))f(z)-\omega_i,\\ &= b_k(z)\Delta_{c_k}f+\cdots+b_0(z)\Delta_{c_0}f+(b_k(z)+\cdots+b_0(z))f(z)-\omega_i.\end{aligned}\tag{4.2.23}$$

对情况（i）：$b_0(z)+\cdots+b_k(z)\equiv 1$，有

$$L(z,f)-\omega_i=b_k(z)\Delta_{c_k}f+\cdots+b_0(z)\Delta_{c_0}f+(f(z)-\omega_i).$$

结合式（4.2.22），并应用定理 1.2.4 可得

$$\begin{aligned}T(r,e^{h(z)}) = m(r,e^{h(z)}) &= m\left(r,\frac{(L(z,f))^n+a(L(z,f))^{n-m}+b}{f(z)^n+af(z)^{n-m}+b}\right)\\ &= m\left(r,\frac{(L(z,f)-\omega_1)\cdots(L(z,f)-\omega_n)}{(f(z)-\omega_1)\cdots(f(z)-\omega_n)}\right)\end{aligned}$$

$$
\begin{aligned}
&\leqslant \sum_{i=1}^{n} m\left(r,\frac{L(z,f)-\omega_i}{f(z)-\omega_i}\right)+S(r,f)\\
&\leqslant \sum_{i=1}^{n}\sum_{j=0}^{k} m\left(r,\frac{\Delta_{c_j} f}{f(z)-\omega_i}\right)+\sum_{i=1}^{n}\sum_{j=0}^{k} m(r,b_j(z))+S(r,f)\\
&= S(r,f).
\end{aligned}
\tag{4.2.24}
$$

对情况(ii)：$b_0(z)+\cdots+b_k(z)\equiv 0$，有

$$
L(z,f)-\omega_i=b_k(z)\Delta_{c_k} f+\cdots+b_0(z)\Delta_{c_0} f-\omega_i.
$$

结合式（4.2.22），并应用定理1.2.4可得

$$
\begin{aligned}
T(r,e^{h(z)}) &= m(r,e^{h(z)}) \leqslant \sum_{i=1}^{n} m\left(r,\frac{L(z,f)-\omega_i}{f(z)-\omega_i}\right)+S(r,f)\\
&\leqslant \sum_{i=1}^{n}\sum_{j=0}^{k} m\left(r,\frac{\Delta_{c_j} f}{f(z)-\omega_i}\right)+\sum_{i=1}^{n} m\left(r,\frac{1}{f(z)-\omega_i}\right)+S(r,f)\\
&= \sum_{i=1}^{n} m\left(r,\frac{1}{f(z)-\omega_i}\right)+S(r,f).
\end{aligned}
\tag{4.2.25}
$$

对$f(z)$应用引理4.2.3，有

$$
\begin{aligned}
\sum_{i=1}^{n} m\left(r,\frac{1}{f(z)-\omega_i}\right) &\leqslant 2T(r,f)-m(r,f)-2N(r,f)+\\
&\quad N(r,L(z,f))-N\left(r,\frac{1}{L(z,f)}\right)+S(r,f)\\
&= T(r,f)-N\left(r,\frac{1}{L(z,f)}\right)+S(r,f).
\end{aligned}
\tag{4.2.26}
$$

则结合式（4.2.5），式（4.2.25）和式（4.2.26），有

$$
T(r,e^{h(z)})\leqslant T(r,f)-N\left(r,\frac{1}{L(z,f)}\right)+S(r,f)=S(r,f). \tag{4.2.27}
$$

这就证明了$T(r,e^{h(z)})=S(r,f)$.

接下来，将式（4.2.22）改写成

$$
(L(z,f))^{n-m}[(L(z,f))^m+a]=[f(z)^n+af(z)^{n-m}+b-be^{-h(z)}]e^{h(z)}. \tag{4.2.28}
$$

记$F(z)=f(z)^n+af(z)^{n-m}$. 由定理1.1.12及$m>0$可知，

$$
T(r,F(z))=nT(r,f)+S(r,f). \tag{4.2.29}
$$

因此，$S(r,F)=S(r,f)$.

由式（4.2.21）和式（4.2.28）并应用关于小函数的第二基本定理，可以推出

$$
\begin{aligned}
&T(r,F(z))\\
&\leqslant \overline{N}(r,F(z))+\overline{N}\left(r,\frac{1}{F(z)}\right)+\overline{N}\left(r,\frac{1}{F(z)+b-be^{-p(z)}}\right)+S(r,F)\\
&\leqslant \overline{N}(r,f)+\overline{N}\left(r,\frac{1}{f(z)^{n-m}[f(z)^m+a]}\right)+\overline{N}\left(r,\frac{1}{(L(z,f))^{n-m}}\right)+\\
&\quad \overline{N}\left(r,\frac{1}{(L(z,f))^m+a}\right)+S(r,f)
\end{aligned}
$$

$$\leqslant \overline{N}(r,f)+\overline{N}\left(r,\frac{1}{f(z)}\right)+\overline{N}\left(r,\frac{1}{f(z)^m+a}\right)+\overline{N}\left(r,\frac{1}{L(z,f)}\right)+$$
$$T\left(r,\frac{1}{(L(z,f))^m+a}\right)+S(r,f)$$
$$\leqslant T(r,f)+T\left(r,\frac{1}{f(z)}\right)+T\left(r,\frac{1}{f(z)^m+a}\right)+T\left(r,\frac{1}{L(z,f)}\right)+$$
$$mT(r,L(z,f))+S(r,f)$$
$$\leqslant (m+2)T(r,f)+(m+1)T(r,L(z,f))+S(r,f)$$
$$\leqslant (2m+3)T(r,f)+S(r,f). \tag{4.2.30}$$

结合式（4.2.29）和式（4.2.30），我们可以得到

$$(n-2m-3)T(r,f)\leqslant S(r,f),$$

这就要求 $n-2m-3\leqslant 0$，与已知条件 $n\geqslant 2m+4$ 矛盾.

至此我们证明了假设 $e^{h(z)}\not\equiv 1$ 不成立. 故 $e^{h(z)}\equiv 1$. 由式（4.2.22）可得

$$(L(z,f))^n+a(L(z,f))^{n-m}\equiv f(z)^n+af(z)^{n-m}.$$

记 $\varphi(z)=\dfrac{L(z,f)}{f(z)}$，则有

$$f(z)^m(\varphi(z)^n-1)=-a(\varphi(z)^{n-m}-1). \tag{4.2.31}$$

若 $\varphi(z)$ 不恒为常数，则式（4.2.31）可化为

$$f(z)^m(\varphi(z)-1)(\varphi(z)-\mu)\cdots(\varphi(z)-\mu^{n-1})$$
$$=-a(\varphi(z)-1)(\varphi(z)-\nu)\cdots(\varphi(z)-\nu^{n-m-1}), \tag{4.2.32}$$

其中，$\mu=\cos(2\pi/n)+\mathrm{i}\sin(2\pi/n)$，$\nu=\cos(2\pi/(n-m))+\mathrm{i}\sin(2\pi/(n-m))$.

由假设 n 和 $n-m$ 无公因数，可知 μ，…，μ^{n-1}，$\nu\cdots$，ν^{n-m-1} 互不相同. 设 z_0 为 $\varphi(z)$ 的重数 $u_j>0$ 的 μ^j－值点，其中，$1\leqslant j\leqslant n-1$. 注意到

$$-a(\varphi(z_0)-1)(\varphi(z_0)-\nu)\cdots(\varphi(z_0)-\nu^{n-m-1})$$

为常数. 则由式（4.2.32）可知 z_0 为 $f(z)^m$ 的极点. 因此，$u_j\geqslant m$. 这就要求，对 $1\leqslant j\leqslant n-1$，有

$$m\overline{N}\left(r,\frac{1}{\varphi(z)-\mu^j}\right)\leqslant N\left(r,\frac{1}{\varphi(z)-\mu^j}\right)\leqslant T(r,\varphi(z))+S(r,h). \tag{4.2.33}$$

再由式（4.2.33），可得

$$2\geqslant\sum_{j=1}^{n-1}\Theta(\mu^j,\varphi(z))=\sum_{j=1}^{n-1}\left\{1-\overline{\lim_{r\to\infty}}\frac{\overline{N}\left(r,\frac{1}{\varphi(z)-\mu^j}\right)}{T(r,\varphi(z))}\right\} \tag{4.2.34}$$

$$\geqslant\sum_{j=1}^{n-1}\left(1-\frac{1}{m}\right)=(n-1)\left(1-\frac{1}{m}\right). \tag{4.2.35}$$

但是由于 $m\geqslant 2$ 且 $n\geqslant 2m+4$，故上式不成立.

因此，$\varphi(z)$ 恒为常数. 由于 $f(z)$ 是非常数亚纯函数，故由式（4.2.31）不难得到 $\varphi(z)\equiv 1$. 这表明 $L(z,f)\equiv f(z)$. 定理4.2.8的证明完毕.

□

第5章

几类差分方程亚纯解的唯一性

人们将亚纯函数唯一性理论和微分方程理论结合，探讨复微分方程亚纯解的唯一性已有三十多年的历史，也得到了很多优秀的成果．而关于差分方程亚纯解的唯一性研究，是近几年出现的新课题．本章考虑一阶线性差分方程、Pielou Logistic 方程和几类源于差分 PainlevéⅢ方程的非线性差分方程，研究其亚纯解的唯一性．

5.1 一阶线性差分方程亚纯解的唯一性

5.1.1 引言和主要结果

唯一性是给定方程的解的重要性质，也是人们研究方程时重点关注的对象．上世纪八十年代，人们开始通过结合亚纯函数唯一性理论与微分方程理论，较为系统地研究复微分方程亚纯解的唯一性，并取得了很多优秀的成果．这方面的研究一直比较活跃（如［3，101，112］）．随着对复差分方程研究的不断深化发展，人们自然而然地开始关注差分方程亚纯解的唯一性，并取得了不少很好的研究成果（如［27，28，81，91］）．目前，相关的研究还处于发展阶段，还有大量差分方程没有被研究．

本节考虑一阶线性差分方程的亚纯解的唯一性．首先回顾文献［27，28］中的研究成果．

定理 5.1.1（［27］）．设$f(z)$为

$$A_1(z)f(z+1)+A_2(z)f(z)=0 \tag{5.1.1}$$

的有限级超越亚纯函数解，其中，$A_1(z)$，$A_2(z)$为非零多项式，满足$A_1(z)+A_2(z)\not\equiv 0$．若亚纯函数$g(z)$和$f(z)$分担0，1，∞ CM，则$f(z)\equiv g(z)$或$f(z)g(z)\equiv 1$．

定理 5.1.2（［28］）．设$f(z)$为

$$A_1(z)f(z+1)+A_2(z)f(z)=A_3(z),$$

有限级超越亚纯函数解，其中$A_1(z)$，$A_2(z)$，$A_3(z)$为非零多项式，满足$A_1(z)+A_2(z)\not\equiv 0$．若亚纯函数$g(z)$和$f(z)$分担0，1，∞ CM，则以下结论之一成立：

(i) $f(z)\equiv g(z)$；

(ii) $f(z)+g(z)=f(z)g(z)$；

(iii) 存在多项式$\beta(z)=az+b_0$以及a_0满足$e^{a_0}\neq e^{b_0}$，使得

$$f(z)=\frac{1-e^{\beta(z)}}{e^{\beta(z)}(e^{a_0-b_0}-1)},g(z)=\frac{1-e^{\beta(z)}}{1-e^{b_0-a_0}},$$

其中，$a_0\neq 0$，b_0为常数.

注. 文献［27］和［28］分别给出例子，说明定理5.1.1和定理5.1.2的情况均可能发生. 这些例子和这两个定理的证明，请直接查阅相应的文献. 显然，若方程(5.1.1)存在非常数亚纯解$f(z)$，则对任意取定的周期为1的亚纯函数$h(z)$，$f(z)h(z)$也满足方程(5.1.1). 这意味着方程(5.1.1)可能存在无穷多个解. 为此，Li－Chen［69］转而思考以下问题5.1.1.

问题5.1.1. 考虑差分方程

$$R_1(z)f(z+1)+R_2(z)f(z)=R_3(z), \tag{5.1.2}$$

的有限级超越亚纯解的唯一性，能得到什么结果，其中，$R_1(z)\neq 0$，$R_2(z)$，$R_3(z)$为有理函数？特别地，能不能由零点和极点确定方程5.1.2的有限级超越亚纯解的唯一性？

显然，问题5.1.1思考的角度与文献［27，28］已有较大的不同. LI－Chen［69］证明了以下结果.

定理5.1.3（［69］）. 设$f(z)$和$g(z)$为方程(5.1.2)的有限级超越亚纯函数解，其中，$R_3(z)\equiv 0$. 若$f(z)$和$g(z)$分担0，∞ CM，则

$$f(z)\equiv e^{2k_0\pi iz+a_0}g(z),$$

其中，k_0为整数，a_0为常数. 特别地，若下列情况之一成立：

(i) 存在两点z_1，z_2使得$f(z_j)=g(z_j)\neq 0(j=1,2)$且$z_1-z_2\notin\mathbb{Q}$；

(ii) $f(z)-g(z)$具有一个重数≥2的零点z_3使得$f(z_3)=g(z_3)\neq 0$，则$f(z)\equiv g(z)$.

定理5.1.4（［69］）. 设$f(z)$和$g(z)$为方程(5.1.2)的有限级超越亚纯函数解，其中，$R_3(z)\neq 0$. 若$f(z)$和$g(z)$分担0，∞ CM，则$f(z)\equiv g(z)$或

$$f(z)=\frac{R_3(z)}{2R_2(z)}(e^{a_1z+a_0}+1),\quad g(z)=\frac{R_3(z)}{2R_2(z)}(e^{-a_1z-a_0}+1),$$

其中，a_1，a_0为常数，满足$e^{-a_1}=e^{a_1}=-1$，且方程(5.1.2)的系数满足

$$R_1(z)R_3(z+1)\equiv R_3(z)R_2(z+1).$$

注. 由定理5.1.3的证明可知，当$R_1(z)$或$R_2(z)$为有限级超越亚纯函数时，定理5.1.3的结论依然成立. 目前还不清楚定理5.1.4是否有类似的结论.

由定理5.1.4，可以得到以下三个推论.

推论5.1.1（［69］）. 设$f(z)$和$g(z)$为方程(5.1.2)的有限级超越亚纯函数解，其中，$R_3(z)\neq 0$，满足$R_1(z)R_3(z+1)\not\equiv R_3(z)R_2(z+1)$. 若$f(z)$和$g(z)$分担0，∞ CM，则$f(z)\equiv g(z)$.

推论5.1.2（［69］）. 设$f(z)$和$g(z)$为方程(5.1.2)的有限级超越亚纯函数解，其中

$$R_1(z)+R_2(z)\not\equiv R_3(z),\ R_1(z)[R_3(z+1)-R_1(z+1)]\not\equiv[R_3(z)-R_2(z)]R_2(z+1).$$

若$f(z)$和$g(z)$分担1，∞ CM，则$f(z)\equiv g(z)$.

推论5.1.3（［69］）. 设$f(z)$和$g(z)$为方程(5.1.2)的有限级超越亚纯函数解，

其中，$R_3(z)\equiv 0$ 且 $R_1(z)\not\equiv -R_2(z)$. 若 $f(z)$ 和 $g(z)$ 分担1，∞ CM，则 $f(z)\equiv g(z)$，或 $f(z)g(z)\equiv 1$，满足

$$f(z)=e^{a_1z+a_0},g(z)=e^{-a_1z-a_0},$$

其中，a_1，a_0 为常数，满足 $e^{-a_1}=e^{a_1}=-1$，且方程（5.1.2）的系数满足 $R_1(z)\equiv R_2(z)$.

注. 由推论5.1.3，易知当 $R_3(z)\equiv 0$ 且 $R_1(z)\not\equiv -R_2(z)$ 时，若方程（5.1.2）有两个不同的有限级超越亚纯函数解分担1，∞ CM，则它等价于方程

$$f(z+1)+f(z)=0.$$

例 5.1.1. （1）$f_1(z)=z3^z e^{2\pi iz}$ 和 $g_1(z)=z3^z$，以及 $f_2(z)=z3^z e^{2\pi iz}/\cos(2\pi z)$ 和 $g_2(z)=z3^z/\cos(2\pi z)$ 均满足方程

$$\frac{z}{3(z+1)}f(z+1)-f(z)=0.$$

本例中，$f_j(z)$ 和 $g_j(z)$ 分担0，∞ CM，$f_j(z)=e^{2\pi iz}g_j(z)$，$f_j(z)$ 和 $g_j(z)$ 有且仅有一个零点 $z_0=0$，且 $f_j(z)-g_j(z)$ 满足 $f_j(z)=g_j(z)\neq 0$ 的零点均为简单零点（$j=1$，2）.

（2）$f(z)=(e^{\pi iz}+1)/2$ 和 $g(z)=(e^{-\pi iz}+1)/2$ 满足方程

$$f(z+1)+f(z)=1.$$

本例中，$f(z)$ 和 $g(z)$ 分担0，∞ CM 且 $f(z)=e^{\pi iz}g(z)$，$R_3(z)\equiv 1\neq 0$，$R_1(z)R_3(z+1)\equiv R_3(z)R_2(z+1)\equiv 1$.

（3）$f(z)=e^{\pi iz}$ 和 $g(z)=e^{-\pi iz}$ 满足方程

$$f(z+1)+f(z)=0.$$

本例中，$f(z)$ 和 $g(z)$ 分担1，∞ CM，$e^{-\pi i}=e^{\pi i}=-1$，且式（5.1.2）的系数满足 $R_1(z)\equiv R_2(z)\equiv 1$；$R_1(z)+R_2(z)\not\equiv -R_3(z)$，但是

$$R_1(z)[R_3(z+1)-R_1(z+1)]\equiv -1\equiv [R_3(z)-R_2(z)]R_2(z+1).$$

这表明推论5.1.2中的条件 $R_1(z)[R_3(z+1)-R_1(z+1)]\equiv -1\equiv [R_3(z)-R_2(z)]R_2(z+1)$ 不能去掉.

（4）$f(z)=z3^z e^{2\pi iz}/\cos^2(2\pi z)$ 和 $g(z)=z3^z/\cos(2\pi z)$ 分担0 CM 和∞ IM，且满足方程

$$\frac{z}{3(z+1)}f(z+1)-f(z)=0,$$

但是 $f(z)\not\equiv g(z)$. 这表明在定理5.1.3中，分担值的个数不能减少，CM 也不能换成 IM.

注. 我们还不清楚在定理5.1.4中，分担值的个数能不能减少，或者 CM 能不能换成 IM.

5.1.2 本节定理的证明

定理 5.1.3 的证明. 由于 $f(z)$ 和 $g(z)$ 为有限级超越亚纯函数且分担0，∞ CM，故

$$\frac{f(z)}{g(z)}=e^{P(z)}. \tag{5.1.3}$$

其中，$P(z)$ 为多项式，满足 $\deg P(z) \leqslant \max\{\rho(f), \rho(g)\}$.

由式（5.1.2）和式（5.1.3）可得

$$\frac{g(z+1)\mathrm{e}^{P(z+1)}}{g(z)\mathrm{e}^{P(z)}} = \frac{f(z+1)}{f(z)} = -\frac{R_2(z)}{R_1(z)} = \frac{g(z+1)}{g(z)}.$$

因此，$\mathrm{e}^{P(z+1)-P(z)} \equiv 1$，故 $P(z+1) - P(z)$ 为常数. 更精确地，存在整数 k_0，使得 $P(z+1) - P(z) = 2k_0\pi\mathrm{i}$. 由此不难得到 $P(z) = 2k_0\pi\mathrm{i}z + a_0$，进而有

$$f(z) \equiv \mathrm{e}^{2k_0\pi\mathrm{i}z+a_0}g(z), \tag{5.1.4}$$

其中，a_0 为常数. 第一个结论得证.

下面分两种情况证明第二个结论.

情况（i）：存在两点 z_1，z_2 使得 $f(z_j) = g(z_j) \neq 0$ 且 $z_1 - z_2 \notin \mathbb{Q}$，则由式（5.1.3）和式（5.1.4）可得

$$\mathrm{e}^{2k_0\pi\mathrm{i}z_j+a_0}g(z_j) = f(z_j) = g(z_j) \neq 0 \quad (j=1,2), \tag{5.1.5}$$

即

$$\mathrm{e}^{2k_0\pi\mathrm{i}z_1+a_0} = 1 = \mathrm{e}^{2k_0\pi\mathrm{i}z_2+a_0}.$$

这表明 $k_0(z_1 - z_2)$ 是一个整数. 假设 $k_0 \neq 0$，则 $z_1 - z_2$ 必为有理数. 这与已知条件 $z_1 - z_2 \notin \mathbb{Q}$ 矛盾. 因此，$k_0 = 0$. 由式（5.1.5）和 $f(z_1) = g(z_1) \neq 0$ 可知，$\mathrm{e}^{a_0} = 1$，即证 $f(z) \equiv g(z)$.

情况（ii）：$f(z) - g(z)$ 具有一个重数 $\geqslant 2$ 的零点 z_3 使得 $f(z_3) = g(z_3) \neq 0$. 由式（5.1.4）可知，$\mathrm{e}^{2k_0\pi\mathrm{i}z_3+a_0} = 1$.

对式（5.1.4）两边求导，有

$$f'(z) - \mathrm{e}^{2k_0\pi\mathrm{i}z+a_0}g'(z) = 2k_0\pi\mathrm{i}\mathrm{e}^{2k_0\pi\mathrm{i}z+a_0}g(z). \tag{5.1.6}$$

假设 $k_0 \neq 0$. 注意到 z_3 是 $f(z) - g(z)$ 的重数 $\geqslant 2$ 的零点，且满足 $\mathrm{e}^{2k_0\pi\mathrm{i}z_3+a_0} = 1$，故由式（5.1.6），可得以下矛盾式

$$\begin{aligned}0 &= f'(z_3) - g'(z_3) = f'(z_3) - \mathrm{e}^{2k_0\pi\mathrm{i}z_3+a_0}g'(z_3) \\ &= 2k_0\pi\mathrm{i}\mathrm{e}^{2k_0\pi\mathrm{i}z_3+a_0}g(z_3) = 2k_0\pi\mathrm{i}g(z_3) \neq 0.\end{aligned}$$

因此，$k_0 = 0$. 由式（5.1.4）和 $f(z_3) = g(z_3) \neq 0$ 可知，$\mathrm{e}^{a_0} = 1$，即证 $f(z) \equiv g(z)$.

□

定理 5.1.4 的证明. 由于 $f(z)$ 和 $g(z)$ 为有限级超越亚纯函数且分担 0，∞ CM，故式（5.1.3）依然成立. 此时 $R_1(z)R_2(z) \not\equiv 0$. 否则，式（5.1.2）无超越亚纯函数解.

由式（5.1.2）和式（5.1.3）可得

$$R_1(z)g(z+1) + R_2(z)g(z) = R_3(z). \tag{5.1.7}$$

和

$$R_1(z)\mathrm{e}^{P(z+1)}g(z+1) + R_2(z)\mathrm{e}^{P(z)}g(z) = R_3(z). \tag{5.1.8}$$

再由式（5.1.7）和式（5.1.8），有

$$R_2(z)\left[\mathrm{e}^{P(z)-P(z+1)} - 1\right]g(z) = R_3(z)\left[\mathrm{e}^{-P(z+1)} - 1\right]. \tag{5.1.9}$$

若 $e^{P(z)-P(z+1)}-1\equiv 0$, 则由式 (5.1.9) 可知, $e^{-P(z+1)}-1\equiv 0$. 这意味着 $f(z)\equiv g(z)$.

若 $e^{P(z)-P(z+1)}-1\not\equiv 0$, 由式 (5.1.9) 可得

$$g(z)=\frac{R_3(z)[e^{-P(z+1)}-1]}{R_2(z)[e^{P(z)-P(z+1)}-1]}. \tag{5.1.10}$$

结合式 (5.1.7) 和式 (5.1.10), 有

$$\frac{R_1(z)R_3(z+1)[e^{-P(z+2)}-1]}{R_2(z+1)[e^{P(z+1)-P(z+2)}-1]}+\frac{R_3(z)[e^{-P(z+1)}-1]}{e^{P(z)-P(z+1)}-1}=R_3(z).$$

也就是,

$$R_1(z)h(z+1)[e^{-P(z+2)}-1]+R_2(z)h(z)[e^{-P(z+1)}-1]=R_3(z), \tag{5.1.11}$$

其中

$$h(z)=\frac{R_3(z)}{R_2(z)[e^{P(z)-P(z+1)}-1]}.$$

记

$$P(z)=a_nz^n+\cdots+a_1z+a_0, \tag{5.1.12}$$

其中, $a_n\neq 0$, …, a_1, a_0 为常数, n 为整数.

注意到 $g(z)$ 为超越亚纯函数. 故由式 (5.1.10) 可知, $\deg P(z)\geqslant 1$. 断言 $\deg P(z)=1$. 否则, $n=\deg P(z)\geqslant 2$.

显然地,

$$\deg[P(z+2)-P(z+1)]=\deg[P(z+1)-P(z)]=n-1. \tag{5.1.13}$$

因此, $\rho(e^{P(z+2)-P(z+1)})=n-1$ 且

$$\begin{aligned}T(r,h)&=T\left(r,\frac{1}{h}\right)+O(1)=T\left(r,\frac{R_2(z)}{R_3(z)}[e^{P(z)-P(z+1)}-1]\right)+O(1)\\&=T(r,e^{P(z)-P(z+1)})+O(\log r),\end{aligned}$$

从而, $\rho(h)=n-1$. 由定理 1.2.2, 对任意给定的 $\varepsilon\in(0,1)$,

$$m\left(r,\frac{h(z+1)}{h(z)}\right)=O(r^{\rho(h)-1+\varepsilon})=O(r^{n-2+\varepsilon})=o(r^{n-1}). \tag{5.1.14}$$

将式 (5.1.11) 改写成

$$\begin{aligned}&R_1(z)h(z+1)+R_2(z)h(z)e^{P(z+2)-P(z+1)}\\&=[R_3(z)+R_1(z)h(z+1)+R_2(z)h(z)]e^{P(z+2)}.\end{aligned} \tag{5.1.15}$$

假设 $R_3(z)+R_1(z)h(z+1)+R_2(z)h(z)\not\equiv 0$. 则由 $\rho(h)=n-1$, 式 (5.1.13) 和式 (5.1.15), 可以推出下面的矛盾式

$$\begin{aligned}n&=\rho([R_3(z)+R_1(z)h(z+1)+R_2(z)h(z)]e^{P(z+2)})\\&=\rho(R_1(z)h(z+1)+R_2(z)h(z)e^{P(z+2)-P(z+1)})\leqslant n-1.\end{aligned}$$

因此, $R_3(z)+R_1(z)h(z+1)+R_2(z)h(z)\equiv 0$. 再由式 (5.1.15) 可知,

$$R_1(z)h(z+1)+R_2(z)h(z)e^{P(z+2)-P(z+1)}=0. \tag{5.1.16}$$

结合式 (5.1.14) 和式 (5.1.16), 有

$$T(r,e^{P(z+2)-P(z+1)})=m(r,e^{P(z+2)-P(z+1)})$$
$$=m\left(r,-\frac{R_1(z)h(z+1)}{R_2(z)h(z)}\right)\leqslant o(r^{n-1})+O(\log r).$$

这与 $\rho(e^{P(z+2)-P(z+1)})=n-1\geqslant 1$ 矛盾. 因此，我们就证明了 $\deg P(z)=1$. 再由式（5.1.12)可知，$P(z)=a_1z+a_0$，其中，$a_1\neq 0$.

将 $P(z)=a_1z+a_0$ 代入式（5.1.10)，有

$$g(z)=\frac{cR_3(z)}{R_2(z)}(e^{-a_1z-a_1-a_0}-1),\tag{5.1.17}$$

其中，$c=(e^{-a_1}-1)^{-1}\neq 0$.

由式(5.1.7)和式(5.1.17)可得

$$\left(\frac{cR_1(z)R_3(z+1)}{R_2(z+1)}e^{-a_1}+cR_3(z)\right)e^{-a_1z-a_1-a_0}=(1+c)R_3(z)+\frac{cR_1(z)R_3(z+1)}{R_2(z+1)}.$$

比较上式两边的级，可知

$$\frac{R_1(z)R_3(z+1)}{R_2(z+1)}e^{-a_1}+R_3(z)\equiv 0,\tag{5.1.18}$$

和

$$(1+c)R_3(z)+\frac{cR_1(z)R_3(z+1)}{R_2(z+1)}\equiv 0.\tag{5.1.19}$$

由式（5.1.18）和式（5.1.19），有

$$e^{-a_1}=-\frac{R_3(z)R_2(z+1)}{R_1(z)R_3(z+1)}=\frac{c}{1+c}=e^{a_1}.$$

由于 $c=(e^{-a_1}-1)^{-1}\neq 0$，故由上式可知 $e^{-a_1}=e^{a_1}=-1$.

最后，由式（5.1.3）和式（5.1.17）就得到

$$f(z)=\frac{R_3(z)}{2R_2(z)}(e^{a_1z+a_0}+1)$$

和

$$g(z)=\frac{R_3(z)}{2R_2(z)}(e^{-a_1z-a_0}+1),$$

其中，$e^{-a_1}=e^{a_1}=-1$. 进一步，由式（5.1.18）或式（5.1.19)，可知此时，

$$R_1(z)R_3(z+1)\equiv R_3(z)R_2(z+1).$$

□

推论 5.1.3 的证明. 记 $F(z)=f(z)-1$ 和 $G(z)=g(z)-1$. 则 $F(z)$和 $G(z)$分担 $0,\infty$ CM.

将 $f(z)=F(z)+1$ 和 $g(z)=G(z)+1$ 代入式（5.1.2)，易知 $F(z)$和 $G(z)$满足

$$R_1(z)f(z+1)+R_2(z)f(z)=R_3^*(z),\tag{5.1.20}$$

其中

$$R_3^*(z)=-R_1(z)-R_2(z)\neq 0.\tag{5.1.21}$$

因此，由定理5.1.4，或者 $F(z)\equiv G(z)$，从而 $f(z)\equiv g(z)$，或者

$$F(z)=\frac{R_3^*(z)}{2R_2(z)}(e^{a_1z+b_0}+1) \tag{5.1.22}$$

且

$$G(z)=\frac{R_3^*(z)}{2R_2(z)}(e^{-a_1z-b_0}+1), \tag{5.1.23}$$

其中，a_1，b_0为常数，满足 $e^{-a_1}=e^{a_1}=-1$，且式（5.1.20）的系数满足

$$R_1(z)R_3^*(z+1)=R_3^*(z)R_2(z+1). \tag{5.1.24}$$

由式（5.1.21）和式（5.1.24），可得

$$R_1(z)R_1(z+1)=R_2(z)R_2(z+1),$$

故 $R_1(z)\equiv R_2(z)$.

此时，$R_3^*(z)=-R_1(z)-R_2(z)=-2R_2(z)$. 由此结合式（5.1.22）~式(5.1.23)，容易得到

$$F(z)=-(e^{a_1z+b_0}+1)$$

和

$$G(z)=-(e^{-a_1z-b_0}+1).$$

最后，注意到 $a_0=b_0+\pi i$，$f(z)=F(z)+1$ 和 $g(z)=G(z)+1$，即可完成推论5.1.3的证明.

□

5.2 Pielou Logistic 方程的亚纯解的唯一性

5.2.1 引言和主要结果

本节考虑以下 Pielou Logistic 方程

$$y(z+1)=\frac{R(z)y(z)}{Q(z)+P(z)y(z)} \tag{5.2.1}$$

的亚纯解的唯一性，其中，$P(z)$，$Q(z)$和$R(z)$为非零多项式. 方程（5.2.1）是一类十分重要的方程，源于著名的连续的人口增长模型 - Verhulst Pear 方程

$$x'(t)=x(t)[a-bx(t)],(a,\ b>0).$$

记$f(z)=\dfrac{1}{y(z)}$，则式（5.2.1）可化为

$$R(z)f(z+1)-Q(z)f(z)=P(z), \tag{5.2.2}$$

即上一节我们研究的线性差分方程（仅形式有所不同).

注. 注意到，$f(z)$和$g(z)$分担0 CM 当且仅当$\dfrac{1}{f(z)}$和$\dfrac{1}{g(z)}$分担∞ CM；$f(z)$和$g(z)$分担∞ CM 当且仅当$\dfrac{1}{f(z)}$和$\dfrac{1}{g(z)}$分担0 CM；$f(z)$和$g(z)$分担1 CM 当且仅当$\dfrac{1}{f(z)}$和$\dfrac{1}{g(z)}$分担1 CM. 因此，由上一节关于线性差分方程（5.2.2）的亚纯解的唯一性结

果，不难得到以下定理5.2.1～定理5.2.3. 后文仅给出定理5.2.1的证明.

定理5.2.1 ([66]). 设$y(z)$为方程(5.2.1)的有限级超越亚纯函数解，其中，$R(z)\not\equiv Q(z)$. 若亚纯函数$x(z)$和$y(z)$分担0，1，∞ CM，则以下结论之一成立：

(i) $x(z)\equiv y(z)$；

(ii) 存在多项式$\alpha(z)=a_1z+a_0$，使得

$$x(z)=\frac{1}{e^{-\alpha(z)}+1},y(z)=\frac{1}{e^{\alpha(z)}+1},$$

其中，$a_1(\neq 0)$，a_0为常数，满足$e^{a_1}\neq 1$，且方程(5.2.1)的系数满足

$$Q(z)=e^{a_1}R(z),\quad P(z)=(1-e^{a_1})R(z);$$

(iii) 存在多项式$\beta(z)=b_1z+b_0$和常数b_2，使得

$$x(z)=\frac{1-e^{b_0-b_2}}{1-e^{\beta(z)}},y(z)=\frac{e^{\beta(z)}(e^{b_2-b_0}-1)}{1-e^{\beta(z)}},$$

其中，b_0，$b_1(\neq 0)$，$b_2(\neq 0)$为常数，满足$e^{b_1}\neq 1$和$e^{b_0}\neq e^{b_2}$，且方程(5.2.1)的系数满足

$$R(z)=e^{b_1}Q(z),P(z)=\frac{(1-e^{b_1})Q(z)}{e^{b_2-b_0}-1}.$$

定理5.2.2 ([66]). 设$x(z)$和$y(z)$为方程(5.2.1)的有限级超越亚纯函数解. 若$x(z)$和$y(z)$分担0，∞ CM. 则$x(z)\equiv y(z)$或者

$$x(z)=\frac{-2Q(z)}{P(z)(e^{a_1z+a_0}+1)},\ y(z)=\frac{-2Q(z)}{P(z)(e^{a_1z-a_0}+1)},$$

其中，a_1，a_0为常数，满足$e^{-a_1}=e^{a_1}=-1$，且方程(5.2.1)的系数满足

$$R(z)P(z+1)\equiv -P(z)Q(z+1).$$

定理5.2.3 ([66]). 设$x(z)$和$y(z)$为方程(5.2.1)的有限级超越亚纯函数解，其中

$$R(z)-Q(z)\not\equiv P(z),\ R(z)[P(z+1)-R(z+1)]\not\equiv -[P(z)+Q(z)]Q(z+1).$$

若$x(z)$和$y(z)$分担0，1 CM，则$x(z)\equiv y(z)$.

注. 类似定理5.2.1的证明，可知，在定理5.1.2中，若$f(z)\not\equiv g(z)$，则

$$f(z)=e^{a_1z+a_0},g(z)=e^{-a_1z-a_0},$$

其中，a_0，a_1 ($\neq 0$) 为多项式，满足$P_2(z)\equiv -e^{a_1}P_1(z)$.

本节主要研究的是将定理5.2.2中的分担值0，∞和定理5.2.3中的分担值0，1换成1，∞的情况. 事实上，我们在[66]证明了以下结果.

定理5.2.4 ([66]). 设$y(z)$为方程(5.2.1)的有限级超越亚纯函数解，其中，$R(z)\not\equiv Q(z)$. 若亚纯函数$x(z)$和$y(z)$分担1，∞ CM，且以下条件之一成立：

(i) $R(z)\equiv P(z)\not\equiv -Q(z)$；

(ii) $R(z)\not\equiv P(z)$且$x(z)$有无穷多个重数≥ 2的极点；

(iii) $R(z)\not\equiv P(z)$，$\rho(x)$不是整数且$x(z)$的简单极点仅有有限多个，则$x(z)\equiv y(z)$.

例 5.2.1. (1) $x(z)=\dfrac{2}{e^{\pi iz}+1}$和$y(z)=\dfrac{2}{e^{-\pi iz}+1}$满足方程

$$y(z+1)=\frac{y(z)}{-1+y(z)},$$

在本例中，$x(z)$和$y(z)$分担1，∞ CM，它们具有无穷多个极点，$\rho(x)=\rho(y)=1$ 且 $R(z)\equiv P(z)\equiv -Q(z)\equiv 1$. 这表明当$R(z)\equiv P(z)\equiv -Q(z)$时，定理 5.2.4 的结论可能不成立.

(2) $x(z)=\dfrac{1}{e^{\pi iz}+1}$和$y(z)=\dfrac{1}{e^{-\pi iz}+1}$满足方程

$$y(z+1)=\frac{y(z)}{-1+2y(z)}.$$

在本例中，$x(z)$和$y(z)$分担1，∞ CM，且的简单极点仅有有限多个，但$\rho(x)=\rho(y)=1$ 且 $P(z)\equiv 2\not\equiv R(z)\equiv -Q(z)\equiv 1$. 这表明当$R(z)\not\equiv P(z)$时，若$x(z)$的大部分（至多除去有限多个）极点都是简单极点或$\rho(x)$为整数，则定理 5.2.4 的结论可能不成立.

5.2.2 本节定理的证明

定理 5.2.1 的证明. 记$f(z)=\dfrac{1}{y(z)}$和$g(z)=\dfrac{1}{x(z)}$，则$f(z)$和$g(z)$为亚纯函数，且分担0，1，∞ CM，且$f(z)$为方程（5.2.2）的有限级超越亚纯函数解. 由定理条件，应用定理5.1.2，可知以下结论之一成立：

(i) $f(z)\equiv g(z)$；

(ii) $f(z)+g(z)=f(z)g(z)$；

(iii) 存在多项式$\beta(z)=b_1z+b_0$和常数 b_2 满足 $e^{b_0}\neq e^{b_2}$，使得

$$f(z)=\frac{1-e^{\beta(z)}}{e^{\beta(z)}(e^{b_2-b_0}-1)},g(z)=\frac{1-e^{\beta(z)}}{1-e^{b_0-b_2}},\tag{5.2.3}$$

其中，b_0，b_1（$\neq 0$），b_2（$\neq 0$）为常数. 下面我们依次讨论这三种情况.

情况 1：$f(z)\equiv g(z)$. 则$x(z)\equiv y(z)$.

情况 2：$f(z)+g(z)=f(z)g(z)$. 由定理5.1.2 的证明（见[28]，情况3.3 的子情况（iii）)，存在次数 $\deg\alpha(z)=n\geqslant 1$ 的非常数多项式$\alpha(z)$，使得

$$f(z)=e^{\alpha(z)}+1,\ g(z)=e^{-\alpha(z)}+1.\tag{5.2.4}$$

事实上，若$f(z)+g(z)=f(z)g(z)$，则由于$f(z)$和$g(z)$为有限级亚纯函数且分担0，1，∞ CM，可知1 和∞ 均为$f(z)$和$g(z)$的 Picard 例外值. 也就是说，

$$f(z)=e^{\alpha(z)}+1,\ g(z)=e^{\gamma(z)}+1$$

其中，$\alpha(z)$，$\gamma(z)$为多项式. 进而，有

$$e^{\alpha(z)}+e^{\gamma(z)}+2=f(z)+g(z)=f(z)g(z)=e^{\alpha(z)+\gamma(z)}+e^{\alpha(z)}+e^{\gamma(z)}+1.$$

这表明 $e^{\alpha(z)+\gamma(z)}=1$，故式（5.2.4）成立.

由式（5.2.2）和式（5.2.4）可得，

$$[R(z)e^{\alpha(z+1)-\alpha(z)}-Q(z)]e^{\alpha(z)}=P(z)+Q(z)-R(z).\tag{5.2.5}$$

断言

$$R(z)e^{\alpha(z+1)-\alpha(z)}-Q(z)\equiv 0. \tag{5.2.6}$$

否则，方程（5.2.5）左边的函数是超越亚纯函数，而右边的函数是多项式，矛盾！故式（5.2.6）成立．这就要求 $\alpha(z+1)-\alpha(z)$ 为常数，即，$\deg\alpha(z)=n\leqslant 1$.

至此，我们证明了 $\alpha(z)=a_1z+a_0$，其中，a_1（$\neq 0$），a_0 为常数．故由式（5.2.6），可得 $Q(z)=e^{a_1}R(z)$．又由于 $R(z)\not\equiv Q(z)$，故 $e^{a_1}\neq 1$.

结合式（5.2.5）和式（5.2.6），我们得到

$$P(z)+Q(z)-R(z)=0,$$

进而有，

$$P(z)=R(z)-Q(z)=(1-e^{a_1})R(z).$$

情况 3：此时，若 $e^{b_1}=1$，则 $e^{\beta(z+1)}=e^{\beta(z)}$，再由式（5.2.2）和式（5.2.3）可得

$$[R(z)-Q(z)]\frac{1-e^{\beta(z)}}{e^{\beta(z)}(e^{b_2-b_0}-1)}=P(z),$$

也就是

$$[R(z)-Q(z)]e^{-\beta(z)}=(e^{b_2-b_0}-1)P(z)+R(z)-Q(z). \tag{5.2.7}$$

由于 $R(z)\not\equiv Q(z)$，故式（5.2.7）不成立．因此，$e^{b_1}\neq 1$.

结合式（5.2.2）和式（5.2.3），有

$$R(z)\frac{1-e^{\beta(z+1)}}{e^{\beta(z+1)}(e^{b_2-b_0}-1)}-Q(z)\frac{1-e^{\beta(z)}}{e^{\beta(z)}(e^{b_2-b_0}-1)}=P(z),$$

或

$$[-R(z)+Q(z)-P(z)(e^{b_2-b_0}-1)]e^{b_1z+b_1+b_0}=e^{b_1}Q(z)-R(z). \tag{5.2.8}$$

由式（5.2.8）以及类似于情况 2 的讨论，不难证明

$$-R(z)+Q(z)-P(z)(e^{b_2-b_0}-1)\equiv 0,\ 且\ e^{b_1}Q(z)-R(z)\equiv 0,$$

故

$$R(z)=e^{b_1}Q(z),\ P(z)=\frac{(e^{b_2-b_0}-1)R(z)}{e^{b_1}-1}.$$

□

定理 5.2.4 的证明．为方便计，下面对任意给定的亚纯函数 $f(z)$，记

$$\overline{f}=f(z+1),\ \overline{\overline{f}}=f(z+2).$$

注意到 $x(z)$ 和 $y(z)$ 是方程（5.2.1）的有限级超越亚纯函数解且分担 1，∞ CM. 不失一般性，不妨设 $\rho(x)\geqslant\rho(y)$，则

$$x(z+1)=\frac{R(z)x(z)}{Q(z)+P(z)x(z)}:=\frac{x(z)}{A(z)+B(z)x(z)}, \tag{5.2.9}$$

$$y(z+1)=\frac{R(z)y(z)}{Q(z)+P(z)y(z)}:=\frac{y(z)}{A(z)+B(z)y(z)}, \tag{5.2.10}$$

$$\frac{y(z)-1}{x(z)-1}=e^{h(z)}, \tag{5.2.11}$$

其中，$h(z)$ 为多项式，满足 $\deg h(z)\leqslant\rho(x)$，且

$$A(z)=\frac{Q(z)}{R(z)},\quad B(z)=\frac{P(z)}{R(z)}$$

为有理函数.

若 $e^h\equiv 1$, 则定理得证.

若 $e^h\not\equiv 1$, 则 $e^{\bar{h}}\not\equiv 1$. 由式 (5.2.11), 可得

$$y=e^h x+1-e^h,\quad \bar{y}=e^{\bar{h}}\bar{x}+1-e^{\bar{h}}. \tag{5.2.12}$$

将式 (5.2.12) 代入式 (5.2.10), 有

$$e^{\bar{h}}\bar{x}=\frac{(Be^{\bar{h}}-B+1)e^h x+C}{Be^h x+A+B(1-e^h)}, \tag{5.2.13}$$

其中

$$C=A(e^{\bar{h}}-1)+1-e^h+B(1-e^h)(e^{\bar{h}}-1).$$

由式 (5.2.9) 和式 (5.2.13), 可得

$$\frac{(Be^{\bar{h}}-B+1)e^h x+C}{Be^h x+A+B(1-e^h)}=e^{\bar{h}}\bar{x}=\frac{e^{\bar{h}}x}{A+Bx},$$

也就是

$$B(B-1)(e^{\bar{h}}-1)e^h x^2+\{BC+A(Be^{\bar{h}}-B+1)e^h-[A+B(1-e^h)]e^{\bar{h}}\}x+AC=0. \tag{5.2.14}$$

下面, 我们讨论三种情况.

情况 1: $R(z)\equiv P(z)\not\equiv -Q(z)$. 则 $A(z)\not\equiv -1$, $B(z)\equiv 1$ 且

$$C+A(e^{\bar{h}}-1)+e^{\bar{h}}(1-e^h).$$

因此, 式 (5.2.14) 可化为

$$(1-e^{\bar{h}+h})x=A(e^{\bar{h}}-1)+e^{\bar{h}}(1-e^h). \tag{5.2.15}$$

断言 $e^{\bar{h}+h}\not\equiv 1$. 否则, $e^{\bar{h}+h}\equiv 1$. 由 $h(z)\equiv c_1$ 及式 (5.2.15), 可知

$$A(z)\equiv A=e^{c_1}:=c_2\notin\{0,\ \pm 1\}.$$

若存在点 z_1 使得 $x(z_1)=1$, 则 $y(z_1)=1$. 由式 (5.2.9)、式 (5.2.10) 和式 (5.2.12)不难推出

$$\frac{1}{c_2+1}=\frac{y(z_1)}{c_2+y(z_1)}=y(z_1+1)=c_2x(z_1+1)+1-c_2=\frac{c_2}{c_2+1}+1-c_2.$$

故 $c_2\in\{0,1\}$, 与 $c_2\notin\{0,\ \pm 1\}$ 矛盾.

若 1 为 $x(z)$ 的 Picard 例外值, 则 1 也是 $y(z)$ 的 Picard 例外值. 故由式 (5.2.9) 和式 (5.2.10), 可知$\frac{1}{1+c_2}$为 $x(z)$ 和 $y(z)$ 的 Picard 例外值. 由于$\frac{1}{1+c_2}\neq 1$, 故 $x(z)$ 无其他 Picard 例外值. 取 z_2, 使得 $x(z_2)=\frac{c_2}{1+c_2}$, 则

$$y(z_2)=c_2x(z_2)+1-c_2=\frac{1}{1+c_2}.$$

这要求$\frac{1}{1+c_2}$不是 $y(z)$ 的 Picard 例外值, 矛盾.

至此，我们证明了 $e^{\overline{h}+h}\not\equiv 1$. 由式（5.2.15），可得

$$x=\frac{e^{\overline{h}+h}-(A+1)e^{\overline{h}}+A}{e^{\overline{h}+h}-1}. \tag{5.2.16}$$

由于 $x(z)$ 是超越亚纯函数，故 $\deg h(z)=n\geqslant 1$. 记

$$h(z)=a_nz^n+a_{n-1}z^{n-1}+\cdots+a_1z+a_0,$$

其中，a_0，a_1，$\cdots$，a_n 为常数，满足 $a_n=r_1e^{i\theta_1}\neq 0$.

将式（5.2.16）代入式（5.2.9），有

$$\frac{e^{\overline{\overline{h}}+\overline{h}}-(\overline{A}+1)e^{\overline{\overline{h}}}+\overline{A}}{e^{\overline{\overline{h}}+\overline{h}}-1}=\overline{x}=\frac{x}{A+x}=\frac{e^{\overline{h}+h}-(A+1)e^{\overline{h}}+A}{(A+1)e^{\overline{h}+h}-(A+1)e^{\overline{h}}},$$

从而 $F(z)=0$，其中

$$F=Ae^{\overline{\overline{h}}+2\overline{h}+h}-(\overline{A}+1)(A+1)e^{\overline{\overline{h}}+\overline{h}+h}+[(\overline{A}+1)(A+1)-A]e^{\overline{\overline{h}}+\overline{h}}+$$
$$[(\overline{A}+1)(A+1)-A]e^{\overline{h}+h}-(\overline{A}+1)(A+1)e^{\overline{h}}+A. \tag{5.2.17}$$

由于 $A(z)\not\equiv 0$ 是有理函数，故存在 $d>0$ 和 $r_2>1$，对所有 $z=re^{i\theta}$，$r>r_2$，有

$$|A|\geqslant r^{-d}. \tag{5.2.18}$$

注意到当 $r\to+\infty$ 时，

$$\overline{\overline{h}}(re^{-i\theta_1/n})=r_1r^n(1+o(1)),\overline{h}(re^{-i\theta_1/n})=r_1r^n(1+o(1)),\ h(re^{-i\theta_1/n})=r_1r^n(1+o(1)).$$

由式（5.2.17）和式（5.2.18），可以推出

$$\lim_{r\to+\infty}|F(re^{-i\theta_1/n})|=\lim_{r\to+\infty}e^{4r_1r^n(1+o(1))}(1+o(1))=+\infty,$$

与 $F(z)=0$ 矛盾.

情况 2：$R(z)\not\equiv P(z)$ 且 $x(z)$ 有无穷多个重数 $\geqslant 2$ 的极点. 由式（5.2.14），可知

$$x^2=Dx+E, \tag{5.2.19}$$

其中

$$D=-\frac{BC+A(Be^{\overline{h}}-B+1)e^h-[A+B(1-e^h)]e^{\overline{h}}}{B(B-1)(e^{\overline{h}}-1)e^h},\quad E=-\frac{AC}{B(B-1)(e^{\overline{h}}-1)e^h}.$$

子情况 2.1：$h(z)$ 为常数. 则 $D(z)$，$E(z)$ 为有理函数，仅有有限多个极点. 选取 $x(z)$ 的一个重数为 $k_1\geqslant 1$ 的极点 z_3，使得 $D(z_3)\neq\infty$，$E(z_3)\neq\infty$. 则 z_3 是 $x^2(z)$ 的重数为 $2k_1$ 的极点，是 $E(z)x(z)+D(z)$ 的重数为 k_1 的极点. 然而，由式（5.2.19），可知这是不可能的.

子情况 2.2：$h(z)$ 是次数为 $\deg h(z)=n\geqslant 1$ 的多项式. 则由

$$(e^{\overline{h}}-1)'=\overline{h}'e^{\overline{h}},$$

可知 $e^{\overline{h}}-1$ 至多有 n 个重数 $\geqslant 2$ 的极点. 故亚纯函数 $D(z)$，$E(z)$ 至多有有限个重数 $\geqslant 2$ 的极点. 选取 $x(z)$ 的一个重数为 $k_2\geqslant 2$ 的极点 z_4，使得 z_4 不是 $D(z)$，$E(z)$ 的重数 $\geqslant 2$ 的极点. 则 z_4 是 $x^2(z)$ 重数为 $2k_2\geqslant 4$ 的极点，是 $E(z)x(z)+D(z)$ 的重数至多为 k_2+1 的极点. 然而，由式（5.2.19）和 $k_2+1<2k_2$，可知这也是不可能的.

情况 3：$R(z)\not\equiv P(z)$，$\rho(x)$ 不是整数且 $x(z)$ 的简单极点至多有有限多个. 则由 $\deg h(z)\leqslant\rho(x)$，可得 $\deg h(z)<\rho(x)$. 由情况 2，不妨设 $x(z)$ 至多只有有限多个极

点的重数≥2，并在后面直接应用式（5.2.19）. 此时，$x(z)$至多只有有限多个极点.

一方面，有

$$m(r,x)=T(r,x)-N(r,x)=T(r,x)+S(r,x). \tag{5.2.20}$$

另一方面，由于 $\deg h(z)<\rho(x)$，故易得

$$m(r,D)\leqslant T(r,D)=S(r,f),\ m(r,E)\leqslant T(r,E)=S(r,f).$$

应用定理1.2.8，由式（5.2.19），可得

$$m(r,x)=S(r,x).$$

这与式（5.2.20）矛盾. 这就完成了定理5.2.4的证明.

□

5.3 非线性差分方程 $w(z+1)w(z-1)=R(z)w^m(z)$ 亚纯解的唯一性

5.3.1 引言与主要结果

本节的主要目的是探讨非线性差分方程

$$w(z+1)w(z-1)=h(z)w^m(z) \tag{5.3.1}$$

的有限级亚纯解的唯一性，其中，$h(z)$为非零有理函数，$m=\pm2,\ \pm1,\ 0$. 这几类方程源于 Ronkainen 在［94］得到的差分 PainlevéⅢ 方程.

类似定理5.1.2，Chen－Li［14］考虑方程（5.3.1）与亚纯函数分担三个值的有限级超越亚纯函数解的唯一性，证明了以下结果.

定理5.3.1（［14］）. 设$w(z)$为方程（5.3.1）的有限级超越亚纯函数解，其中，$m=-2,\ -1,0,1$. 若亚纯函数$u(z)$和$w(z)$分担0，1，∞ CM 则$w(z)\equiv u(z)$.

定理5.3.2（［14］）. 设$w(z)$为方程（5.3.1）的有限级超越亚纯函数解，其中，$m=-2,\ -1,0,1$，且$h(z)$满足

$$\lim_{z\to\infty}h(z)\neq1. \tag{5.3.2}$$

若亚纯函数$u(z)$和$w(z)$分担0，1，∞ CM 则$w(z)\equiv u(z)$.

例5.3.1. 显然，以下的$w_j(z)$和$u_j(z)\equiv -w_j(z)$分担0，∞ CM（$j=1,\cdots,5$）. 这些例子表明，定理5.3.1和定理5.3.2中的分担值的个数不能减少.

（1）$w_1(z)=z\tan(\pi z/2)$满足差分方程

$$w(z+1)w(z-1)=(z+1)(z-1)z^2w^{-2}(z);$$

（2）$w_2(z)=z\tan^2(\pi z/3)\tan^2(\pi z/3-\pi/6)$满足差分方程

$$w(z+1)w(z-1)=(z+1)(z-1)zw^{-1}(z);$$

（3）$w_3(z)=z\tan(\pi z/4)$满足差分方程

$$w(z+1)w(z-1)=-(z+1)(z-1);$$

（4）$w_4(z)=z\tan(\pi z/6)\tan(\pi z/6-\pi/6)$满足差分方程

$$w(z+1)w(z-1)=-\frac{(z+1)(z-1)}{z}w(z).$$

（5）$w_5(z)=e^{z^2}\tan(\pi z)$满足差分方程

$$w(z+1)w(z-1)=e^2w^2(z).$$

注. 我们猜测定理5.3.2和定理5.3.2中的CM能适当放宽为IM.

下面的例子说明定理5.3.2中的条件（5.3.2）不能去掉.

例5.3.2. $w(z)=\mathrm{e}^z$和$u(z)=\mathrm{e}^{-z}$分担0，1，∞ CM，且$w(z)$满足差分方程

$$w(z+1)w(z-1)=w^2(z).$$

在本例中，$h(z)\equiv 1$ 而 $w(z)\not\equiv u(z)$.

类似定理5.1.3和定理5.1.4，我们证明了以下结果.

定理5.3.3（[5]）. 设$w(z)$和$u(z)$为方程（5.3.1）的两个有限级超越亚纯函数解，其中$m=-2$，±1，0. 若$w(z)$和$u(z)$分担0，∞ CM，则$w(z)\equiv\lambda u(z)$，其中，λ为常数，满足$\lambda^{2-m}=1$.

定理5.3.4（[5]）. 设$w(z)$和$u(z)$为方程（5.3.1）的两个有限级超越亚纯函数解，其中$m=2$. 若$w(z)$和$u(z)$分担0，∞ CM，则

$$w(z)\equiv \mathrm{e}^{a_2z^2+a_1z+a_0}u(z), \tag{5.3.3}$$

其中，a_0，a_1，a_2为常数，满足$\mathrm{e}^{2a_2}=1$. 特别地，若$w(z)-u(z)$存在某个重数≥3的零点z_1，满足$w(z_1)=u(z_1)=c\neq 0$，则$w(z)\equiv u(z)$.

下面的例子表明定理5.3.3和定理5.3.4中的各种情况都可能发生，且CM不能换为IM.

例5.3.3. 本例中，$w_j(z)$和$u_j(z)$分担0，∞ CM，而$w_j(z)$和$v_j(z)$分担0，∞ IM，$(j=1,\cdots,7)$：

（1）$u_1(z)=\tan\dfrac{\pi z}{2}$，$w_1(z)=\mathrm{i}u_1(z)$和$v_1(z)=u_1^2(z)$满足差分方程

$$w(z+1)w(z-1)=w^{-2}(z).$$

这里，$m=-2$，$\lambda=\mathrm{i}$ 满足 $\lambda^{2-(-2)}=1$.

（2）$u_2(z)=\tan^2\dfrac{\pi z}{3}\tan^2\dfrac{(2z-1)\pi}{6}$，$w_2(z)=\mathrm{e}^{\mathrm{i}\frac{2\pi}{5}}u_2(z)$和$v_2(z)=u_2^2(z)$满足差分方程

$$w(z+1)w(z-1)=w^{-1}(z).$$

这里，$m=-1$，$\lambda=\mathrm{e}^{\frac{2\pi\mathrm{i}}{3}}$满足$\lambda^{2-(-1)}=1$.

（3）$u_3(z)=\tan\dfrac{\pi z}{4}$，$w_3(z)=-u_3(z)$和$v_3(z)=\mathrm{i}u_3^2(z)$满足差分方程

$$w(z+1)w(z-1)=-1.$$

这里，$m=0$，$\lambda=-1$ 满足 $\lambda^{2-0}=1$.

（4）$u_4(z)=\tan\dfrac{\pi z}{6}\tan\dfrac{\pi(z-1)}{6}$，$w_4(z)=u_4(z)$和$v_4(z)=u_4^3(z)$满足差分方程

$$w(z+1)w(z-1)=-w(z).$$

这里$m=1$，$\lambda=1$ 满足 $\lambda^{2-1}=1$.

（5）$u_j(z)=\tan(\pi z)$，$v_j(z)=u_j^2(z)(j=5,6,7)$ 和 $w_5(z)=\mathrm{e}^{\pi\mathrm{i}z^2}u_5(z)$，$w_6(z)=\mathrm{e}^z u_6(z)$，$w_7(z)=u_7(z)$，$w_j(z)$满足差分方程

$$w(z+1)w(z-1)=w^2(z).$$

定理 5.3.5 ([5]). 设 $w(z)$ 和 $u(z)$ 为方程 (5.3.1) 的两个有限级超越亚纯函数解，其中 $m=\pm1, 0$. 若 $w(z)$ 和 $u(z)$ 分担 $1, \infty$ CM，则

$$w(z)-1 \equiv e^{a_1z+a_0}(u(z)-1), \tag{5.3.4}$$

其中，a_0，a_1 为常数，满足：(1) 当 $m=0$ 时，$a_1=\frac{k_1}{2}\pi i$；(2) 当 $m=-1$ 时，$a_1=\frac{2k_2}{3}\pi i$；(3) 当 $m=1$ 时，$a_1=\frac{k_3}{3}\pi i$，其中，k_1，k_2，k_3 为整数. 特别地，若下列附加条件之一成立：

(i) $w(z)-u(z)$ 有一个重数 $\geqslant 2$ 的零点 z_1，满足 $w(z_1)=u(z_1)=0$；

(ii) 存在 z_2，z_3，满足 $w(z_j)=u(z_j)\neq1(j=2, 3)$ 且 $z_2-z_3\notin\mathbb{Q}$，则 $w(z)\equiv u(z)$.

注. 对 $m=\pm2$，我们尚未得到类似于定理 5.3.5 的结论.

5.3.2 本节所需的引理

引理 5.3.1 ([60, 111]). 设 $w(z)$ 为方程 (5.3.1) 的有限级超越亚纯函数解，其中 $m=-2, \pm1, 0$. 则 $\lambda(w-a)=\lambda(1/w)=\rho(w)\geqslant1$，其中，$a$ 为任意常数.

引理 5.3.2. 设 $\theta_1\neq\theta_2\in[-\pi, \pi)$ 为给定实数. 则对任意整数 $k\geqslant 1$，存在 θ_3，$\theta_4\in[-\pi, \pi)$ 使得

$$\mathrm{Re}\, e^{i(\theta_1+k\theta_3)}>0>\mathrm{Re}\, e^{i(\theta_2+k\theta_3)},\ \mathrm{Re}\, e^{i(\theta_2+k\theta_4)}>0>\mathrm{Re}\, e^{i(\theta_1+k\theta_4)}.$$

证明. 由于 $\theta_1\neq\theta_2\in[-\pi, \pi)$，$\theta_1-\theta_2\neq0, 2\pi$，故 $-1\leqslant\cos(\theta_1-\theta_2)<1$. 当 $\theta_1+\theta_2\in(-2\pi, 0]$ 时，选取一点 $\alpha=-(\pi+\theta_1+\theta_2)/2k\in[-\pi, \pi)$，则有

$$\begin{aligned}2\cos(\theta_1+k\alpha)\cos(\theta_2+k\alpha)&=\cos(\theta_1+\theta_2+2k\alpha)+\cos(\theta_1-\theta_2)\\&=\cos(-\pi)+\cos(\theta_1-\theta_2)=-1+\cos(\theta_1-\theta_2)<0.\end{aligned}$$

不失一般性，假设 $\cos(\theta_1+k\alpha)>0$，则 $\cos(\theta_2+k\alpha)<0$. 记 $\theta_3=\alpha$. 进一步，当 $k\alpha<0$ 时，记 $\theta_4=\alpha+\pi/k$；当 $k\alpha\geqslant0$ 时，记 $\theta_4=\alpha-\pi/k$，则 $\cos(\theta_2+k\theta_4)>0>\cos(\theta_1+k\theta_4)$.

当 $\theta_1+\theta_2\in(0, 2\pi)$ 时，选取一点 $\beta=(\pi-\theta_1-\theta_2)/2k\in(-\pi, \pi)$，则有

$$2\cos(\theta_1+k\beta)\cos(\theta_2+k\beta)=\cos(\pi)+\cos(\theta_1-\theta_2)=-1+\cos(\theta_1-\theta_2)<0.$$

由上式，类似地可以取到 θ_3 和 θ_4.

最后，注意到 $\mathrm{Re}\, e^{i\theta}=\cos\theta$，即可完成证明.

5.3.3 本节定理的证明

定理 5.3.1 的证明. 由于 $w(z)$ 和 $u(z)$ 为亚纯函数且分担 $0, 1, \infty$ CM，由第二基本定理，有

$$\begin{aligned}T(r, u)&\leqslant N(r, u)+N\left(r,\frac{1}{u}\right)+N\left(r,\frac{1}{u-1}\right)+S(r, u)\\&\leqslant N(r,w)+N\left(r,\frac{1}{w}\right)+N\left(r,\frac{1}{w-1}\right)+S(r,u)\\&\leqslant 3T(r, w)+S(r, u).\end{aligned}$$

这表明 $\rho(u)\leqslant\rho(w)$，故 $u(z)$ 也是有限级亚纯函数.

再由 $w(z)$ 和 $u(z)$ 分担0, 1, ∞ CM, 可得

$$\frac{u}{w}=e^{p(z)}, \tag{5.3.5}$$

和

$$\frac{u-1}{w-1}=e^{q(z)}, \tag{5.3.6}$$

其中, $p(z)$, $q(z)$ 为多项式, 满足 $\deg p(z)=l$, $\deg q(z)=s$.

断言 $e^{p(z)}\equiv e^{q(z)}$, 则由式 (5.3.5) 和式 (5.3.6), 即可得到 $w(z)\equiv u(z)$.

否则, $e^{p(z)}\not\equiv e^{q(z)}$, 则 $e^{p(z)}\not\equiv 1$ 且 $e^{q(z)}\not\equiv 1$. 由式 (5.3.5) 和式 (5.3.6) 可知

$$w(z)=\frac{1-e^{q(z)}}{e^{p(z)}-e^{q(z)}} \tag{5.3.7}$$

和

$$w(z)-1=\frac{1-e^{p(z)}}{e^{p(z)}-e^{q(z)}}. \tag{5.3.8}$$

由式 (5.3.7) 和式 (5.3.8), 有

$$N\left(r,\frac{1}{w}\right)\leqslant N\left(r,\frac{1}{1-e^{q}}\right)\leqslant T(r,1-e^{q})+O(1)\leqslant T(r,e^{q})+O(1)$$

和

$$N\left(r,\frac{1}{w-1}\right)\leqslant N\left(r,\frac{1}{1-e^{q}}\right)\leqslant T(r,1-e^{p})+O(1)\leqslant T(r,e^{p})+O(1).$$

因此,

$$\lambda(w)\leqslant\rho(e^{q})=s,\lambda(w-1)\leqslant\rho(e^{p})=l. \tag{5.3.9}$$

若 $s>l$, 则

$$N\left(r,\frac{1}{1-e^{p}}\right)\leqslant T(r,e^{p})+O(1)=S(r,e^{q}). \tag{5.3.10}$$

再由第二基本定理, 可得

$$T(r,e^{q})\leqslant N(r,e^{q})+N\left(r,\frac{1}{e^{q}}\right)+N\left(r,\frac{1}{e^{q}-1}\right)+S(r,e^{q})=N\left(r,\frac{1}{e^{q}-1}\right)+S(r,e^{q}).$$

这就要求

$$N\left(r,\frac{1}{e^{q}-1}\right)=T(r,e^{q})+S(r,e^{q}). \tag{5.3.11}$$

由于 $1-e^{p-q}$ 和 $1-e^{q}$ 的公共零点也是 $1-e^{p}$ 的零点, 故由式 (5.3.7)、式 (5.3.10)和式 (5.3.11), 可得

$$N\left(r,\frac{1}{w}\right)=N\left(r,\frac{e^{p}(1-e^{p-q})}{1-e^{q}}\right)\geqslant N\left(r,\frac{1}{1-e^{q}}\right)-N\left(r,\frac{1}{1-e^{p}}\right)=T(r,e^{q})+S(r,e^{q}).$$

由此可知 $\lambda(w)\geqslant\rho(e^{q})=s$. 因此, 由引理5.3.1, 可得 $\lambda(w-1)=\lambda(w)\geqslant s>l$, 与式 (5.3.9)中的第二个结论矛盾.

若 $s<l$, 则类似可以得到一个与式 (5.3.9) 中的第二个结论矛盾的式子. 至此,

我们证明了 $s=l$.

假设 $\deg(q(z)-p(z))<l$, 则

$$N\left(r,\frac{1}{1-e^{p-q}}\right)\leqslant T(r,e^{p-q})+O(1)=S(r,e^{q}).$$

由上式，式（5.3.7）和式（5.3.11），可得

$$N\left(r,\frac{1}{w}\right)\geqslant N\left(r,\frac{1}{1-e^{q}}\right)-N\left(r,\frac{1}{1-e^{p-q}}\right)=T(r,e^{q})+S(r,e^{q}).$$

这表明 $\lambda(w)\geqslant\rho(e^{q})=s=l$. 则由引理5.3.1 和式（5.3.7），可以得到矛盾式

$$l\leqslant\lambda(w)=\lambda(1/w)\leqslant\lambda(1-e^{q-p})=\rho(e^{q-p})<l.$$

因此，$\deg(q(z)-p(z))=l\geqslant 1$. 记

$$p(z)=a_lz^l+a_{l-1}z^{l-1}+\cdots+a_0$$

和

$$q(z)=b_lz^l+b_{l-1}z^{l-1}+\cdots+b_0,$$

则 $a_lb_l\neq 0$ 且 $a_l\neq b_l$. 记 $a_l=r_1e^{i\theta_1}$, $b_l=r_2e^{i\theta_2}$，其中，θ_1，$\theta_2\in[-\pi,\pi)$.

下面分四种情况进行讨论并给出相应的矛盾.

情况 1：$m=0$. 由式（5.3.1）和式（5.3.7），可得

$$\frac{1-e^{q(z+1)}}{e^{p(z+1)}-e^{q(z+1)}}\frac{1-e^{q(z-1)}}{e^{p(z-1)}-e^{q(z-1)}}=w(z+1)w(z-1)=h(z).\tag{5.3.12}$$

子情况 1.1：$\theta_1=\theta_2$. 此时，$|a_l|=r_1\neq r_2=|b_l|$. 若 $r_1<r_2$，则对所有满足 $\theta_1+l\theta_3=0$ 的 $z=re^{i\theta_3}$，有

$$a_lz^l=r_1r^le^{i(\theta_1+l\theta_3)}=r_1r^l<r_2r^l=r_2re^{i(\theta_1+l\theta_3)}=b_lz^l.\tag{5.3.13}$$

由式（5.3.12）和式（5.3.13），可得

$$\begin{aligned}\lim_{r\to\infty}h(re^{i\theta_3})&=\lim_{r\to\infty}\frac{1-e^{q(re^{i\theta_3}+1)}}{e^{p(re^{i\theta_3}+1)}-e^{q(re^{i\theta_3}+1)}}\frac{1-e^{q(re^{i\theta_3}-1)}}{e^{p(re^{i\theta_3}-1)}-e^{q(re^{i\theta_3}-1)}}\\&=\lim_{r\to\infty}\frac{1-e^{r_2r^l(1+o(1))}}{e^{r_1r^l(1+o(1))}-e^{r_2r^l(1+o(1))}}\frac{1-e^{r_2r^l(1+o(1))}}{e^{r_1r^l(1+o(1))}-e^{r_2r^l(1+o(1))}}=1.\end{aligned}\tag{5.3.14}$$

由于 $h(z)$为有理函数，故对任意 $\theta\in[-\pi,\pi)$，有式（5.3.14）

$$\lim_{r\to\infty}h(re^{i\theta})=1.\tag{5.3.15}$$

然而，对满足 $\theta_1+l\theta_4=-\pi$ 的 θ_4，有

$$\begin{aligned}\lim_{r\to\infty}h(re^{i\theta_4})&=\lim_{r\to\infty}\frac{1-e^{q(re^{i\theta_4}+1)}}{e^{p(re^{i\theta_4}+1)}-e^{q(re^{i\theta_4}+1)}}\frac{1-e^{q(re^{i\theta_4}-1)}}{e^{p(re^{i\theta_4}-1)}-e^{q(re^{i\theta_4}-1)}}\\&=\lim_{r\to\infty}\frac{1-e^{-r_1r^l(1+o(1))}}{e^{-r_2r^l(1+o(1))}-e^{-r_1r^l(1+o(1))}}\frac{1-e^{-r_1r^l(1+o(1))}}{e^{-r_2r^l(1+o(1))}-e^{-r_1r^l(1+o(1))}}=\infty.\end{aligned}$$

这与式（5.3.15）矛盾.

若 $r_1>r_2$，则类似上式讨论可得类似的矛盾.

子情况 1.2：$\theta_1\neq\theta_2$. 由引理5.3.2，存在 θ_5，$\theta_6\in[-\pi,\pi)$，使得

$$\mathrm{Re}\ \mathrm{e}^{\mathrm{i}(\theta_1+l\theta_5)}>0>\mathrm{Re}\ \mathrm{e}^{\mathrm{i}(\theta_2+l\theta_5)},\ \mathrm{Re}\ \mathrm{e}^{\mathrm{i}(\theta_2+l\theta_6)}>0>\mathrm{Re}\ \mathrm{e}^{\mathrm{i}(\theta_1+l\theta_6)}.$$

故对 $j=0, 1, 2$，以及 $r_3=r_1\mathrm{Re}\ \mathrm{e}^{\mathrm{i}(\theta_1+l\theta_5)}$，$r_4=r_2\mathrm{Re}\ \mathrm{e}^{\mathrm{i}(\theta_2+l\theta_6)}$，当 $r\to\infty$ 时，有

$$p(r\mathrm{e}^{\mathrm{i}\theta_5}+j)=\mathrm{e}^{r_3r^l(1+o(1))},\ q(r\mathrm{e}^{\mathrm{i}\theta_5}+j)=o(1) \tag{5.3.16}$$

和

$$q(r\mathrm{e}^{\mathrm{i}\theta_6}+j)=\mathrm{e}^{r_4r^l(1+o(1))},\ p(r\mathrm{e}^{\mathrm{i}\theta_6}+j)=o(1). \tag{5.3.17}$$

结合式（5.3.16）和式（5.3.17），可得

$$\begin{aligned}\lim_{r\to\infty}h(r\mathrm{e}^{\mathrm{i}\theta_5})&=\lim_{r\to\infty}\frac{1-\mathrm{e}^{q(r\mathrm{e}^{\mathrm{i}\theta_5}+1)}}{\mathrm{e}^{p(r\mathrm{e}^{\mathrm{i}\theta_5}+1)}-\mathrm{e}^{q(r\mathrm{e}^{\mathrm{i}\theta_5}+1)}}\frac{1-\mathrm{e}^{q(r\mathrm{e}^{\mathrm{i}\theta_5}-1)}}{\mathrm{e}^{p(r\mathrm{e}^{\mathrm{i}\theta_5}-1)}-\mathrm{e}^{q(r\mathrm{e}^{\mathrm{i}\theta_5}-1)}}\\&=\lim_{r\to\infty}\frac{1-o(1)}{\mathrm{e}^{r_3r^l(1+o(1))}-o(1)}\frac{1-o(1)}{\mathrm{e}^{r_3r^l(1+o(1))}-o(1)}=0\end{aligned} \tag{5.3.18}$$

和

$$\begin{aligned}\lim_{r\to\infty}h(r\mathrm{e}^{\mathrm{i}\theta_6})&=\lim_{r\to\infty}\frac{1-\mathrm{e}^{q(r\mathrm{e}^{\mathrm{i}\theta_6}+1)}}{\mathrm{e}^{p(r\mathrm{e}^{\mathrm{i}\theta_6}+1)}-\mathrm{e}^{q(r\mathrm{e}^{\mathrm{i}\theta_6}+1)}}\frac{1-\mathrm{e}^{q(r\mathrm{e}^{\mathrm{i}\theta_6}-1)}}{\mathrm{e}^{p(r\mathrm{e}^{\mathrm{i}\theta_6}-1)}-\mathrm{e}^{q(r\mathrm{e}^{\mathrm{i}\theta_6}-1)}}\\&=\lim_{r\to\infty}\frac{1-\mathrm{e}^{r_4r^l(1+o(1))}}{o(1)-\mathrm{e}^{r_4r^l(1+o(1))}}\frac{1-\mathrm{e}^{r_4r^l(1+o(1))}}{o(1)-\mathrm{e}^{r_4r^l(1+o(1))}}=1,\end{aligned} \tag{5.3.19}$$

由于 $h(z)$ 为有理函数，故式（5.3.18）和式（5.3.19）矛盾.

情况 2：$m=1$. 此时式（5.3.1）化为

$$w(z+1)w(z-1)=h(z)w(z),$$

即

$$w(z+3)w(z)=h(z+2)h(z+1).$$

由上式和式（5.3.7），可得

$$\frac{1-\mathrm{e}^{q(z+3)}}{\mathrm{e}^{p(z+3)}-\mathrm{e}^{q(z+1)}}\frac{1-\mathrm{e}^{q(z)}}{\mathrm{e}^{p(z+3)}-\mathrm{e}^{q(z)}}=w(z+3)w(z)=h(z+2)h(z+1). \tag{5.3.20}$$

注意到 $h(z+2)h(z+1)$ 也是有理函数. 由式（5.3.20），不难得到类似情况 1 中的矛盾.

情况 3：$m=-1$. 由式（5.3.1）和式（5.3.7），有

$$\frac{1-\mathrm{e}^{q(z+1)}}{\mathrm{e}^{p(z+1)}-\mathrm{e}^{q(z+1)}}\frac{1-\mathrm{e}^{q(z-1)}}{\mathrm{e}^{p(z-1)}-\mathrm{e}^{q(z-1)}}\frac{1-\mathrm{e}^{q(z)}}{\mathrm{e}^{p(z)}-\mathrm{e}^{q(z)}}=w(z+1)w(z-1)w(z)=h(z). \tag{5.3.21}$$

由式（5.3.20），同样不难得到类似情况 1 中的矛盾.

情况 4：$m=-2$. 由式（5.3.1）和式（5.3.7），有

$$\begin{aligned}&\frac{1-\mathrm{e}^{q(z+1)}}{\mathrm{e}^{p(z+1)}-\mathrm{e}^{q(z+1)}}\frac{1-\mathrm{e}^{q(z-1)}}{\mathrm{e}^{p(z-1)}-\mathrm{e}^{q(z-1)}}\left(\frac{1-\mathrm{e}^{q(z)}}{\mathrm{e}^{p(z)}-\mathrm{e}^{q(z)}}\right)^2\\&=w(z+1)w(z-1)w^2(z)=h(z).\end{aligned}$$

由上式，易得类似情况 1 中的矛盾. 定理 5.3.1 证明完毕.

□

定理 5.3.2 的证明. 显然此时式（5.3.5）~式(5.3.7）依然成立. 假设 $\mathrm{e}^{p(z)}\neq$

$e^{q(z)}$，则 $e^{p(z)} \not\equiv 1$ 且 $e^{q(z)} \not\equiv 1$．此时，式（5.3.7）也成立．结合式（5.3.1）和式（5.3.7），可得

$$\frac{1-e^{q(z+1)}}{e^{p(z+1)}-e^{q(z+1)}}\frac{1-e^{q(z-1)}}{e^{p(z-1)}-e^{q(z-1)}}\left(\frac{e^{p(z)}-e^{q(z)}}{1-e^{q(z)}}\right)^2=h(z), \qquad (5.3.22)$$

其中，$p(z)$ 和 $q(z)$ 为多项式，满足

$$p(z)=a_l z^l+a_{l-1}z^{l-1}+\cdots+a_0,$$

和

$$q(z)=b_s z^s+b_{s-1}z^{s-1}+\cdots+b_0,$$

其中，$a_l b_s\neq 0$．记 $a_l=r_1 e^{i\theta_1}$，$b_s=r_2 e^{i\theta_2}$ 其中，θ_1，$\theta_2\in[-\pi,\pi)$．

若 $l>s$，易知存在 $\theta=\theta_3$，满足 $\theta_1+l\theta_3=0$．从而对 $z=re^{i\theta_3}$ 和 $j=-1,0,1$，当 $r\to\infty$ 时，

$$p(re^{i\theta_3}+j)=r_1 r^l(1+o(1)),\ q(re^{i\theta_3+j})=o(r^l).$$

故，

$$\begin{aligned}\lim_{r\to\infty}h(re^{i\theta_3})&=\lim_{r\to\infty}\frac{1-e^{q(re^{i\theta_3}+1)}}{e^{p(re^{i\theta_3}+1)}-e^{q(re^{i\theta_3}+1)}}\frac{1-e^{q(re^{i\theta_3}-1)}}{e^{p(re^{i\theta_3}-1)}-e^{q(re^{i\theta_3}-1)}}\left(\frac{e^{p(re^{i\theta_3})}-e^{q(re^{i\theta_3})}}{1-e^{q(re^{i\theta_3})}}\right)^2\\&=\lim_{r\to\infty}\frac{1-e^{o(r^l)}}{e^{r_1 r^l(1+o(1))}-e^{o(r^l)}}\frac{1-e^{o(r^l)}}{e^{r_1 r^l(1+o(1))}-e^{o(r^l)}}\left(\frac{e^{r_1 r^l(1+o(1))}-e^{o(r^l)}}{1-e^{o(r^l)}}\right)^2=1,\end{aligned}$$

与式（5.3.2）矛盾．因此，$l\leqslant s$．然而，类似可证 $l<s$ 不可能成立．至此，我们证明了 $l=s$．

下面分别讨论两种情况．

情况 1：$\theta_1=\theta_2$．若 $r_1>r_2$，则对所有满足 $\theta_1+l\theta_4=0$ 的 $z=re^{i\theta_4}$，有

$$a_l z^l=r_1 r^l e^{i(\theta_1+l\theta_4)}=r_1 r^l>b_l z^l=r_2 re^{i(\theta_1+l\theta_4)}=r_2 r^l. \qquad (5.3.23)$$

由式（5.3.22）和式（5.3.23），可得

$$\lim_{r\to\infty}h(re^{i\theta_4})=1, \qquad (5.3.24)$$

这与式（5.3.2）矛盾．

类似地，可证 $r_1<r_2$ 不成立．因此，$r_1=r_2$．由于 $e^{p(z)}\not\equiv e^{q(z)}$，故对 $j=0,1,2$ 和 θ_4，有

$$e^{q(re^{i\theta_4}+j)}=e^{r_1 r^l}(1+o(1)),\ e^{p(re^{i\theta_4}+j)}-e^{q(re^{i\theta_4}+j)}=e^{r_1 r^l}(1+o(1)).$$

由上式和式（5.3.22）可得极限（5.3.24），与式（5.3.2）矛盾．

情况 2：$\theta_1\neq\theta_2$．由引理 5.3.2，存在 $\theta_5\in[-\pi,\pi)$ 使得

$$\mathrm{Re}\,e^{i(\theta_1+l\theta_5)}>0>\mathrm{Re}\,e^{i(\theta_2+l\theta_5)}.$$

这就意味着对 $j=0,1,2$，和 $r_3=r_1\mathrm{Re}\,e^{i(\theta_1+l\theta_5)}$，当 $r\to\infty$ 时，有

$$p(re^{i\theta_5}+j)=e^{r_3 r^l(1+o(1))},\ q(re^{i\theta_5}+j)=o(1). \qquad (5.3.25)$$

由式（5.3.22）和式（5.3.25），易得与式（5.3.2）的矛盾式，

$$\lim_{r\to\infty}h(re^{i\theta_5})=1.$$

定理 5.3.2 的证明完毕．

定理 5.3.3 的证明. 由于 $w(z)$ 和 $u(z)$ 为有限级亚纯函数且分担 0，∞ CM，故

$$\frac{w(z)}{u(z)}=e^{p(z)}, \tag{5.3.26}$$

其中，$p(z)$ 为多项式，满足 $\deg p(z)=p\leq\max\{\rho(w),\rho(u)\}$.

下面讨论三种情况.

情况 1：$m=-2$. 由式（5.3.1）和式（5.3.26），可得

$$\begin{aligned}&u(z+1)u(z-1)u^2(z)e^{p(z+1)+p(z-1)+2p(z)}\\&=w(z+1)w(z-1)w^2(z)=R(z)=u(z+1)u(z-1)u^2(z),\end{aligned}$$

即

$$(e^{p(z+1)+p(z-1)+2p(z)}-1)u(z+1)u(z-1)u^2(z)\equiv 0.$$

因此，我们得到

$$e^{p(z+1)+p(z-1)+2p(z)}\equiv 1. \tag{5.3.27}$$

由于

$$\deg(p(z+1)+p(z-1)+2p(z))=\deg p(z)=p,$$

由式（5.3.27），可知 $p=0$. 因此，存在常数 p_0，使得 $p(z)\equiv p_0$ 和

$$e^{4p_0}=e^{p(z+1)+p(z-1)+2p(z)}\equiv 1.$$

也就是说，对 $\lambda=e^{p_0}$，有 $w(z)\equiv\lambda u(z)$ 和 $\lambda^4=1$.

情况 2：$m=-1$. 此时，由式（5.3.1）和式（5.3.26）可得

$$\begin{aligned}&u(z+1)u(z-1)u(z)e^{p(z+1)+p(z-1)+p(z)}\\&=w(z+1)w(z-1)w(z)=R(z)=u(z+1)u(z-1)u(z).\end{aligned}$$

由上式和类似情况 1 的方法，我们可以推出 $w(z)\equiv\lambda u(z)$其中，λ 满足 $\lambda^3=1$.

情况 3：$m=0$. 由式（5.3.1）和式（5.3.26），可得

$$u(z+1)u(z-1)e^{p(z+1)+p(z-1)}=w(z+1)w(z-1)=R(z)=u(z+1)u(z-1).$$

类似地，可知 $w(z)\equiv\lambda u(z)$，其中，λ 满足 $\lambda^2=1$.

情况 4：$m=1$. 此时，式（5.3.1）可化为

$$w(z+1)w(z-1)=R(z)w(z). \tag{5.3.28}$$

因此，

$$w(z+2)w(z)=R(z+1)w(z+1).$$

由上面两个式子和式（5.3.26），可得

$$u(z+2)u(z-1)e^{p(z+2)+p(z-1)}=w(z+2)w(z-1)=R(z+1)R(z)=u(z+2)u(z-1).$$

由此可以推出 $w(z)\equiv\lambda u(z)$，其中，λ 满足 $\lambda^2=1$. 然而，若 $\lambda=-1$，则 $w(z)\equiv-u(z)$，进而

$$(-w(z+1))(-w(z-1))=u(z+1)u(z-1)=R(z)u(z)=-R(z)w(z). \tag{5.3.29}$$

结合式（5.3.28）和式（5.3.29），可得 $R(z)w(z)\equiv 0$. 这是不可能的. 因此，$\lambda=1$.

□

定理 5.3.4 的证明. 注意到式（5.3.26）此时依然成立. 由式（5.3.1）和式（5.3.26），可得

$$\frac{u(z+1)u(z-1)e^{p(z+1)+p(z-1)}}{u^2(z)e^{2p(z)}}=\frac{w(z+1)w(z-1)}{w^2(z)}=R(z)=\frac{u(z+1)u(z-1)}{u^2(z)}.$$

因此，

$$e^{p(z+1)+p(z-1)-2p(z)}\equiv 1. \tag{5.3.30}$$

若 $p\leqslant 1$，则取 $a_2=0$，定理得证.

若 $p\geqslant 2$，则记

$$p(z)=a_pz^p+a_{p-1}z^{p-1}+\cdots+a_1z+a_0, \tag{5.3.31}$$

其中，$a_p\neq 0$，a_{p-1}，$\cdots$，a_1，a_0为常数.

由式（5.3.31），我们得到

$$p(z+1)+p(z-1)-2p(z)=p(p-1)a_pz^{p-2}+q(z), \tag{5.3.32}$$

其中，$q(z)$为多项式，当 $p=2$ 时，满足 $q(z)\equiv 0$；当 $p\geqslant 3$ 时，$\deg q(z)<p-2$.

若 $p\geqslant 3$，则由式（5.3.30）和式（5.3.32）可得

$$1\equiv e^{p(z+1)+p(z-1)-2p(z)}=e^{p(p-1)a_pz^{p-2}+q(z)}.$$

这是不成立的. 因此，$p=2$，故由式（5.3.30）和式（5.3.32），即可得到 $e^{2a_2}=1$. 至此我们就证明了式（5.3.3）成立.

下面，假设 $p(z)=a_2z^2+a_1z+a_0$，往证附加结论成立. 由式（5.3.3），可知 $e^{p(z_1)}=1$.

对方程（5.3.3）的两边进行求导，可得

$$p'(z)e^{p(z)}u(z)=w'(z)-e^{p(z)}u'(z) \tag{5.3.33}$$

和

$$p''(z)e^{p(z)}u(z)=w''(z)e^{p(z)}u(z)=(p'(z))^2e^{p(z)}u(z)-2p'(z)e^{p(z)}u'(z). \tag{5.3.34}$$

由假设，式（5.3.3）和式（5.3.33），并注意到 $e^{p(z_1)}=1$，易得

$$p'(z_1)=p'(z_1)u(z_1)=p'(z_1)e^{p(z_1)}u(z_1)=w'(z_1)-e^{p(z_1)}u'(z_1)=w'(z_1)-u'(z_1)=0.$$

因此，类似地，由式（5.3.34）可得

$$\begin{aligned}p''(z_1)&=p''(z_1)e^{p(z_1)}u(z_1)\\&=w''(z_1)-e^{p(z_1)}u''(z_1)-(p'(z_1))^2e^{p(z_1)}u(z_1)-2p'(z_1)e^{p(z_1)}u'(z_1)\\&=w''(z_1)-u''(z_1)=0.\end{aligned}$$

故有

$$2a_2=p''(z_1)=0,\ 2a_2z_1+a_1=p'(z_1)=0,\ e^{2a_2z_1^2+a_0z_1+a_0}=e^{p(z_1)}=1,$$

也就是说，$a_2=a_1=0$，$e^{a_0}=1$. 因此，$w(z)\equiv e^{a_2z^2+a_1z+a_0}u(z)=u(z)$.

□

定理 5.3.5 的证明. 由于 $w(z)$和 $u(z)$为有限级超越亚纯函数且分担 1，∞ CM，故

$$\frac{w(z)-1}{u(z)-1}=e^{p(z)}, \tag{5.3.35}$$

其中，$p(z)$为多项式，满足

$$p(z)=a_pz^p+a_{p-1}z^{p-1}+\cdots+a_0, \tag{5.3.36}$$

其中，$a_p\neq 0$，…，a_0为常数，$p=\deg p(z)\leqslant\max\{\rho(w),\rho(u)\}$.

情况 1：$m=0$. 由式（5.3.1）和式（5.3.35），可得

$$\frac{u(z+4)}{u(z)}=\frac{R(z+3)}{R(z+1)}:=R_1(z) \tag{5.3.37}$$

和

$$\frac{e^{p(z+4)}(u(z+4)-1)+1}{e^{p(z)}(u(z)-1)+1}=\frac{w(z+4)}{w(z)}=\frac{R(z+3)}{R(z+1)}=R_1(z), \tag{5.3.38}$$

其中，$R_1(z)$为有理函数. 结合式（5.3.35），式（5.3.37）和式（5.3.38），可得

$$(e^{p(z+4)}-e^{p(z)})R_1(z)(u(z)-1)=(1-R_1(z))(e^{p(z+4)}-1). \tag{5.3.39}$$

此时，若 $e^{p(z+4)}\not\equiv e^{p(z)}$，则 $p\geqslant 1$，且由式（5.3.39）可得

$$u(z)=\frac{1-R_1(z)}{R_1(z)}\frac{1-e^{-p(z+4)}}{1-e^{p(z)-p(z+4)}}+1. \tag{5.3.40}$$

注意到 $\deg(p(z)-p(z+4))\leqslant p-1$. 由式（5.3.40），易得

$$\lambda(u-1)=p>p-1\geqslant\rho(1-e^{p(z)-p(z+4)})\geqslant\lambda\left(\frac{1}{u}\right).$$

这与引理5.3.1矛盾. 因此，$e^{p(z+4)}\equiv e^{p(z)}$. 由式（5.3.36），可知，存在整数 k_1，满足

$$2k_1\pi i=p(z+4)-p(z)=4pa_pz^{p-1}+\cdots.$$

这就要求 $p=1$. 故 $a_p=a_1=\frac{k_1}{2}\pi i$，进而存在常数 a_0，使得 $p(z)=\frac{k_1}{2}\pi iz+a_0$.

情况 2：$m=-1$. 此时，式（5.3.1）形如

$$u(z+1)u(z-1)u(z)=R(z),$$

即

$$\frac{u(z+3)}{u(z)}=\frac{R(z+2)}{R(z+1)}:=R_2(z).$$

由上式，类似情况 1 的方法，可知存在整数 k_2和常数 a_0，使得 $p(z)=\frac{2k_2}{3}\pi iz+a_0$.

情况 3：$m=1$. 此时，式（5.3.1）形如

$$u(z+1)u(z-1)=R(z)u(z),$$

即

$$u(z+3)u(z)=R(z+2)R(z+1).$$

由上式，可得

$$\frac{u(z+6)}{u(z)}=\frac{R(z+5)R(z+4)}{R(z+2)R(z+1)}:=R_3(z).$$

故式（5.3.4）成立，且存在整数 k_3和常数 a_0，使得 $p(z)=\frac{k_3}{3}\pi iz+a_0$.

下面先考虑情况(i)：$w(z)-u(z)$有一个重数≥2 的零点 z_1 使得 $w(z_1)=0$，则由式（5.3.35），可知 $e^{p(z_1)}=1$.

将式（5.3.35）改写成

$$w(z)-1=e^{p(z)}(u(z)-1).$$

对上式两边求导，可得

$$p'(z)e^{p(z)}(1-u(z))=e^{p(z)}u'(z)-w'(z). \tag{5.3.41}$$

由于 z_1 是 $w(z)-u(z)$的零点且重数≥2，满足 $w(z_1)=u(z_1)=0$，故由 $e^{p(z_1)}=1$ 和式（5.3.41），可知

$$p'(z_1)=p'(z_1)e^{p(z_1)}[1-u(z_1)]=e^{p(z_1)}u'(z_1)-w'(z_1)=0.$$

因此，$a_1=p'(z_1)=0$，进而，$e^{p(z)}\equiv e^{p(z_1)}=1$. 这表明 $w(z)\equiv u(z)$.

最后，讨论情况（ii）. 由于 $w(z_j)=u(z_j)\neq 1$ 和 $z_2-z_3\notin\mathbb{Q}$，故由式（5.3.35），可知 $e^{p(z_2)}=1=e^{p(z_3)}$. 则存在某个整数 k_0，使得

$$a_1(z_2-z_3)=p(z_2)-p(z_3)=2k_0\pi i.$$

若 $a_1\neq 0$，则由上式，对 $m=-1, 0, 1$，考虑 a_1 的形式，可知 z_2-z_3必为非零有理数. 这与已知条件 $z_2-z_3\notin\mathbb{Q}$ 矛盾. 故 $a_1=0$，从而 $e^{p(z)}\equiv 1$. 这表明 $w(z)\equiv u(z)$.

□

参考文献

[1] BANERJEE A. Meromorphic functions sharing two sets [J]. Czechoslovak Math. J., 2007, 57 (4): 1199-1214.

[2] BERGWEILER W, LANGLEY J K. Zeros of differences of meromorphic functions [J]. Math. Proc. Camb. Philos. Soc., 2007, 142 (01): 133-147.

[3] BROSCH G. Eindeutigkeissä für meromorphe funktionen, Thesis [D]. Thchnical University of Aachen, 1989.

[4] BRÜ CK R. On entire functions which share one value CM with their first derivative [J]. Results Math., 1996, 30: 21-24.

[5] CHEN B Q. Unicity of meromorphic solutions of some nonlinear difference equations [J]. Adv. Pure Math., 2019, 9: 611-618.

[6] CHEN B Q, CHEN Z X. Meromorphic function sharing two sets with its difference operator [J]. Bull. Malays. Math. Sci. Soc., 2012, 35 (3): 765-774.

[7] CHEN B Q, CHEN Z X. Entire function sharing small function with its difference operators or shifts [J]. J. Math. Res. Exp., 2012, 32 (4): 431-438.

[8] CHEN B Q, CHEN ZX. Entire functions sharing sets of small functions with their difference operators or shifts [J]. Math. Slovaca., 2013, 63 (6): 1233-1246.

[9] CHEN B Q, CHEN Z X, LI S. Uniqueness theorems on entire functions and their difference operators or shifts [J]. Abstr. Appl. Anal., 2012, 1: 1-8.

[10] CHEN B Q, CHEN Z. X, LI S. Uniqueness of difference operators of meromorphic functions [J]. J. Inequal. Appl., 2012, 1: 48.

[11] CHEN B Q, LI S. Some results on the entire function sharing problem [J]. Math. Slovaca, 2014, 64 (5): 1217-1226.

[12] CHEN B Q, LI S. Uniqueness problems on entire functions that share a small function with their difference operators [J]. Adv. Differ. Equ., 2014, 1: 311.

[13] CHEN B Q, LI S, CHAI F J. Some results on entire functions that share one value with their difference operators [J]. Adv. Differ. Equ., 2018, 1: 201.

[14] CHEN B Q, LI S. Uniqueness of meromorphic solutions sharing three values with a meromorphic function to $w(z+1)w(z-1)=h(z)w^m(z)$ [J]. Adv. Differ. Equ., 2019, 1: 272.

[15] CHEN B Q, LI S. Some unity results on entire functions and their difference operators related to 4 CM theorem [J]. J. Inequal. Appl., 2020, 1: 220.

[16] CHEN S J, XU A Z. Periodicity and unicity of meromorphic functions with three shared values [J]. J. Math. Anal. Appl., 2012, 385 (1): 485-490.

[17] CHEN Z X. On the complex oscillation theory of $f^{(k)}+Af=F$ [J]. Proc. Edinb. Math. Soc. (2), 1993, 36: 447-461.

[18] CHEN Z X. 一类二阶整函数系数微分方程解的增长性 [J]. 数学年刊 (A 辑), 1999, 20 (1): 7-14.

[19] CHEN Z X. Complex differences and difference equations [M]. Bejing: Science Press, 2014.

[20] CHEN Z X, SHON K H. On conjecture of R. Brück concernig the entire function sharing one value CM with its derivative [J]. Taiwanese J. Math., 2004, 8 (2): 235 - 244.

[21] CHEN Z X, YI H X. On sharing values of meromorphic functions and their differences [J]. Results. Math., 2013, 63: 557 - 565.

[22] CHIANG Y M, FENG S J. On the Nevanlinna characteristic of $f(z+\eta)$ and difference equations in the complex plane [J]. Ramanujan J., 2008, 16 (1): 105 - 129.

[23] CHIANG Y M, FENG S J. On the growth of logarithmic differences, difference quotients and logarithmic derivatives of meromorphic functions [J]. Trans. Amer. Math. Soc., 2009, 361 (7): 3767 - 3791.

[24] CLUNIE J. On integral and meromorphic functions [J]. J. London Math. Soc., 1962, 37 (1): 17 - 27.

[25] COLLINGWOOD E F. Sur quelques théorèmes de M. R. Nevanlinna [J]. C. R. Acad. Sci., 1924, 179: 955 - 957.

[26] CUI N, CHEN Z X. The conjecture on unity of meromorphic functions concerning their differences [J]. J. Differ. Equ. Appl., 2016, 22 (10): 1452 - 1471.

[27] 崔宁，陈宗煊. 一类差分方程的亚纯解与亚纯函数分担 3 个值的唯一性 [J]. 华南师范大学学报（自然科学版），2016，48 (4): 83 - 87.

[28] 崔宁，陈宗煊. 一类线性差分方程的亚纯解与一个亚纯函数分担 3 个值的唯一性 [J]. 数学年刊，2017，38A (1): 13 - 22.

[29] DENG B, LIU D, YANY D. Meromorphic function and its difference operator share two sets with weight k [J]. Turk. J. Math., 2017, 41 (5): 1155 - 1163.

[30] FRANK G, SCHWICK W. Meromorphe Funktionen, die mit einer Ableitung drei Werte teilen [J]. Results Math., 1992, 22: 679 - 684.

[31] FRANK G, WEISSENBORN G, Meromorphe Funktionen, die mit inher Ableitung Werte teilen [J]. Complex Var. Elliptic Equ., 1986, 7: 33 - 43.

[32] GROSS F, OSGOOD C F. Entire functions with common preimages [J]. Factorization theory of meromorphic functions and related topics, pp. 19 - 24, Lecture Notes in Pure and Appl. Math., 78, Dekker, New York, 1982.

[33] GUNDERSEN G G. Meromorphic functions that share three or four values [J]. J. London Math. Soc., 1979, 20: 457 - 466.

[34] GUNDERSEN G G. Meromorphic functions that share finite values with their derivative [J]. J. Math. Anal. Appl., 1980, 75: 441 - 446.

[35] GUNDERSEN G G. Meromorphic functions that share four values [J]. Trans. Amer. Math. Soc., 1983, 277: 545 - 567.

[36] GUNDERSEN G G. Meromorphic functions that share two finite values with their derivatives [J]. Pacific J. Math., 1983, 105: 299 - 309.

[37] GUNDERSEN G G, YANG L Z. Entire functions that share one value with one or two of their derivatives [J]. J. Math. Anal. Appl., 1998, 223 (1): 88 - 95.

[38] HAN L, LÜ F, LÜ W R. On unicity of meromorphic solutions to difference equations of

Malmquist type [J]. Bull. Aust. Math. Soc., 2016, 93 (1): 92 - 98.

[39] HALBURD R G, KORHONEN R J. Difference analogue of the lemma on the logarithmic derivative with applications to difference equations [J]. J. Math. Anal. Appl., 2006, 314 (2): 477 - 487.

[40] HALBURD R G, KORHONEN R J. Nevanlinna theory for the difference operator [J]. Ann. Acad. Sci. Fenn. Math., 2006, 31: 463 - 478.

[41] HALBURD R G, KORHONEN R J. Finite - order meromorphic solutions and the discrete Painlevé equations [J]. Proc. London Math. Soc., 2007, 94 (2): 443 - 474.

[42] HALBURD R G, KORHONEN R J, TOHGE K. Holomorphic curves with shift - invariant hyper - plane preimages [J]. Trans. Amer. Math. Soc., 2014, 366: 4267 - 4298.

[43] HAYMAN W K. Picard values of meromorphic functions and their derivatives [J]. Ann. of Math., 1959, 70: 9 - 42.

[44] HAYMAN W K. Slowly growing integral and subharmonic functions [J]. Comment. Math. Helv., 1960, 34: 75 - 84.

[45] HAYMAN W K. Meromorphic Functions [M]. Oxford: Clarendon Press, 1964.

[46] HEITTOKANGAS J, KORHONEN R, LAINE I, RIEPPO J. Uniqueness of meromorphic func - tions sharing values with their shifts [J]. Complex Var. Elliptic Equ., 2011, 56 (1 - 4): 81 - 92.

[47] HEITTOKANGAS J, KORHONEN R, LAINE I, RIEPPO J, et al. Value sharing results for shifts of meromorphic functions, and sufficient conditions for periodicity [J]. J. Math. Anal. Appl., 2009, 355 (1): 352 - 363.

[48] ISHIZAKI K. Hypertranscendency of meromorphic solutions of linear functional equation [J]. Aequationes Math., 1998, 56 (3): 271 - 283.

[49] ISHIZAKI K, YANAGIHARA N. Wiman - Valiron method for difference equations [J]. Nagoya Math. J., 2004, 175: 75 - 102.

[50] JANK G, MUES E, VOLKMANN L. Meromorphe funktionen, die mit ihrer ersten und zweiten ableitung einen endlichen wert teilen [J]. Complex Var. Theory Appl., 1986, 6 (1): 51 - 71.

[51] JANK G, TERGLANE N. Meromorphic functions sharing three values [J]. Math. Pannon., 1991, 2 (2): 37 - 46.

[52] KORHONEN R. A new Clunie type theorem for difference polynomials [J]. J. Difference Equ. Appl., 2011, 17 (3): 387 - 400.

[53] LAHIRI I. Weighted sharing and uniqueness of meromorphic functions [J]. Nagoya Math. J., 2001, 161: 193 - 206.

[54] LAHIRI I, BANERJEE A. Weighted sharing of two sets [J]. Kyungpook Math. J., 2006, 46 (1): 79 - 87.

[55] LAHIRI I, SAHOO P. Uniqueness of meromorphic functions sharing three weighted values [J]. Bull. Malays. Math. Sci. Soc. (2), 2008, 31 (1): 67 - 75.

[56] LAINE I. Nevanlinna Theory and Complex Differential Equations [M]. Berlin: Water de

Gruyter, 1993.

[57] LAINE I, YANG C C. Clunie theorems for difference and q – difference polynomials [J]. J. Lond. Math. Soc., 2007, 76 (3): 556 – 566.

[58] LAINE I, YANG C C. Value distribution of difference polynomials [J]. Proc. Japan Acad. Ser. A Math. Sci., 2007, 83 (8): 148 – 151.

[59] LAINE I, YANG C C. On analogies between nonlinear difference and differential equations [J]. Proc. Japan Acad. Ser. A Math. Sci., 2010, 86 (1): 10 – 14.

[60] LAN S T, CHEN Z X. On properties of meromorphic solutions of certain difference Painlevé equations [J]. Abstr. Appl. Anal., 2014, 2014: Article ID 208701.

[61] LANGLEY J K. Value distributions of differences of meromorphic functions [J]. Rocky Mt. J. Math., 2011, 41 (1): 275 – 292.

[62] LI P, YANG C C. Some further results on the unique range sets of meromorphic functions [J]. Kodai Math. J., 1995, 18 (3): 437 – 450.

[63] LI P, YANG C C. Value sharing of an entire function and its derivatives [J]. J. Math. Soc. Japan, 1999, 51 (4): 781 – 799.

[64] LI P, YANG C C. When an entire function and its linear differential polynomial share two values [J]. Ill. J. Math., 2000, 44 (2): 349 – 362.

[65] LI S. Meromorphic functions sharing two values IM with their derivatives [J]. Results Math., 2013, 63 (3 – 4): 965 – 971.

[66] LI S, CHEN B Q. Uniqueness of meromorphic solutions of the Pielou Logistic equation [J]. Discrete Dyn. Nat. Soc., 2020, Article ID 4253967, 1 – 5.

[67] LI S, CHEN B Q. Meromorphic functions sharing small functions with their linear difference polynomials [J]. Adv. Differ. Equ., 2013, 1: 58.

[68] LI S, CHEN B Q. Unicity of meromorphic functions sharing sets with their linear difference polynomials [J]. Abstr. Appl. Anal., 2014, 1: 1 – 7.

[69] LI S, CHEN B Q. Uniqueness of meromorphic solutions of the difference equation $R_1(z)f(z+1)+R_2(z)f(z)=R_3(z)$ [J]. Adv. Differ. Equ., 2019, 1: 250.

[70] LI S, GAO Z S. A note on the Brück Conjecture [J]. Arch. Math., 2010, 95 (3): 257 – 268.

[71] LI S, GAO Z S. Entire functions sharing one or two finite values CM with their shifts or difference operators [J]. Arch. Math., 2011, 97 (5): 475 – 483.

[72] LI S, GAO Z S. Results on a question of Zhang and Yang [J]. Acta Math. Sci., 2012, 32B (2): 717 – 723.

[73] LI S, GAO Z S, ZHANG J L. Entire functions that share values or small functions with their derivatives [J]. Ann. Pol. Math., 2012, 104: 1 – 11.

[74] LI S, MEI D, CHEN B Q. Uniqueness of entire functions sharing two values with their difference operators [J]. Adv. Differ. Equ., 2017, 1: 390.

[75] LI S, WANG S M. Entire functions sharing two values IM with their difference operators [J]. to appear.

[76] LI Y H, ZHANG Q C. A remarkon n – small – functions theorem of Steimetz [J]. Northeast Math. J., 2001, 17 (3): 353 – 357.

[77] LIU K. Meromorphic functions sharing a set with applications to difference equations [J]. J. Math. Anal. Appl., 2009, 359 (1): 384 – 393.

[78] LIU K. Zeros of difference polynomials of meromorphic functions [J]. Results Math., 2010, 57 (3 – 4): 365 – 376.

[79] LIU K. A note on value distribution of difference polynomials [J]. Bull. Austral. Math. Soc., 2010, 81 (03): 353 – 360.

[80] LIU K, LIU X L, CAO T B. Some results on zeros distributions and uniqueness of derivatives of difference polynomials [J]. Mathematics, 2011.

[81] LÜ F, HAN Q, LÜ W R. On unicity of meromorphic solutions to difference equations of Malmquist type [J]. Bull. Aust. Math. Soc., 2016, 93 (1): 92 – 98.

[82] LUO X D, LIN W C. Value sharing results for shifts of meromorphic functions [J]. J. Math. Anal. Appl., 2011, 377 (2): 441 – 449.

[83] MILLOUX H, Extension dún théoréme M R. Nevanlinna et applications [J]. Act. Scient. et Ind. 888, 1940, 53.

[84] MOHON' KO A Z. The Nevanlinna characteristics of certain meromorphic functions [J]. Teor. Funktsiˇi Funktsional. Anal. i Prilozhen, 1971, 14: 83 – 87. (Russian)

[85] MUES E, STEINMETZ N. Meromorphe funktionen, die mit ihrer ableitung werte teilen [J]. Manuscripta Math., 1979, 29: 195 – 206.

[86] MUES E, STEINMETZ N. Meromorphe funktionen, die mit ihrer ableitung zwei werte teilen [J]. Resultate Math., 1983, 6: 48 – 55.

[87] NEVANLINNA R. Zur Theorie der meromorphen Funktionen [J]. Acta Math., 1925, 46: 1 – 99.

[88] NEVANLINNA R. Le Théeorème de Picard – Borel et la théorie des fonctions méromorphes [M]. Paris, 1929.

[89] NIINO K, OZAWA M. Deficiencies of an entire algebroid function [J]. Kodai Math. Sem. Rep., 1970, 22: 98 – 113.

[90] OZAWA M. On the existence of prime periodic entire functions [J]. Kodai Math. Sem. Rep., 1978, 29 (3): 308 – 321.

[91] PACHPATTE B G. Existence and uniqueness theorems on certain difference – differential equations [J]. Electron. J. Differ. Equ., 2009, 4: 1609 – 1613.

[92] QI X G, LIU K. Uniqueness and value distribution of differences of entire functions [J]. J. Math. Anal. Appl., 2011, 379 (1): 180 – 187.

[93] QI X G, YANG L Z, LIU K. Uniqueness and periodicity of meromorphic functions concerning the difference operator [J]. Comput. Math. Appl., 2010, 60 (6): 1739 – 1746.

[94] RONKAINEN O. Meromorphic solutions of difference Painlevé equations [D]. Ann. Acad. Sci. Fenn., Math. Diss [J]. 2010, 155: 1 – 59.

[95] RUBEL L A. Some research problems about algebraic differential equations [J]. Trans. Amer.

Math. Soc., 1983, 280 (1): 43 – 52.
[96] RUBEL L A, YANG C C. Values shared by an entire function and its derivative [J]. Lecture Notes in Math., Berlin, Springer – Verlag, 1977, 599: 101 – 103.
[97] SHIBAZAKI K. Unicity theorems for entire functions of finite order [J]. Mem. Natl Def. Acad., 1981, 21 (3): 67 – 71.
[98] TU J, YI C F. On the growth of solutions of a class of higher order linear differential equations with coefficients having the same order [J]. J. Math. Anal. Appl., 2008, 340 (1): 487 – 497.
[99] VALIRON G. Sur la dérivée des fonctions algébroides [J]. Bull. Soc. Math. France, 1931, 59: 17 – 39.
[100] VALIRON G. Directions de Borel des fonctions méromorphes [J], Mémor. Sci. Math., fasc. 89, Pairs, 1938.
[101] WANG J, CAI H P. Uniqueness theorems for solutions of differential equations [J]. J. Sys. Sci. Math. SciS, 2006, 26: 21 – 30.
[102] WANG J P, YI H X. Entire functions that share one value CM with their derivatives [J]. J. Math. Anal. Appl., 2003, 277: 155 – 163.
[103] YANG C C, YI H X. Uniqueness theory of meromorphic functions [M]. Kluwer Academic Pub – lishers, Dordrecht, 2003.
[104] YANG L. Value distribution theory [M]. Berlin – Heidelberg: Springer – Verlag, 1993.
[105] YANG L Z, ZHANG J L. Non – existence of meromorphic solution of a Fermat type functional equation [J]. Aequationes Math., 2008, 76 (1 – 2): 140 – 150.
[106] YI H X. Unicity theorems for entire functions [J]. Kodai Math. J., 1994, 17 (1): 133 – 141.
[107] YI H X. Meromorphic functions that share one or two values II [J]. Kodai Math. J., 1999, 22 (2): 264 – 272.
[108] YI H X, YANG L Z. Meromorphic functions that share two sets [J]. Kodai Math. J., 1997, 20 (2): 127 – 134.
[109] ZHANG J, LIAO L W. Entire functions sharing some values with their difference operators [J]. Sci. China Math., 2014, 57 (10): 2143 – 2152.
[110] ZHANG J L. Value distribution and shared sets of differences of meromorphic functions [J]. J. Math. Anal. Appl., 2010, 367 (2): 401 – 408.
[111] ZHANG J L, Yang L Z. Meromorphic solutions of Painlevé III difference equations [J]. Acta Math. Sin., 2014, 57: 181 – 188.
[112] ZHANG X B, HAN Y, XU J F. Uniqueness theorem for solutions of painlevé transcendents [J]. J. Contemp. Math. Anal. 2016, 51 (4): 208 – 214.